KB264960

금속이란 무엇인가

문명을 지탱하는 물질의 챔피언

E. M. 사비츠키 · B. C. 크라치코 지음
손운택 옮김

전파과학사

서문

  현대를 우주시대, 합성수지 시대라고 하지만 아직도 우리 시대에 가장 많이 쓰이는 물질은 금속이라 할 수 있다. 매년 전 세계에서 생산되는 금속은 무려 6억 톤이 넘으며 인구 일 인당 150g 이상 생산하는 셈이다.

  인류가 사용하는 금속 제품은 수십억 톤 이상이 되며 합성수지는 이의 6%에 불과한 양이 사용될 뿐이다.

  금속은 다른 재료에 비하여 여러 가지 우수한 성질을 갖고 있다. 유리나 사기(도자기)는 경도는 강하나 잘 깨지며 합성수지는 인장력에 강하나 경도가 약하며 금속만이 인장력과 경도가 강하며 주조나 가압(프레스, 단조, 압연) 등으로 용이하게 가공할 수 있으며 절단이나 용접이 가능하다. 이와 같은 유용한 성질이 없으면 기계류의 가공은 불가능할 것이다.

  대부분의 금속은 열에 강하고 화학적 내구성에도 강하다. 전기 전도도가 좋으며 자성을 띠는 등 여러 가지 좋은 성질들을 지니고 있다. 자성을 예로 들어 보자. 나침반이 없었으면 항해가 불가능하여 대륙의 발견이 불가능했을 것이고 영구 자석이 점화 장치 내에 없으면 자동차, 항공기 등의 엔진은 가동되지 않을 것이다. 철심이 없으면 발전기, 보터 빛 변압기도 만들 수 없으므로 발전소가 가동하지 못할 것이며 현대 공장의 기계류도 작동하지 않을 것이며 가정에선 전등, TV가 꺼지고 라디오, 전화의 소리가 들리지 않을 것이다. 즉 현대에서 자성이 없는 생활은 생각할 수가 없다.

  우주 로켓의 출력은 큰 발전소의 몇 배가 되며 이 거대한 힘을 비교적 작은 로켓의 용적 내에 집중하려면 연소실 내의 온도와 압력을 대폭 상승시키는 방법 외에는 없는 것이다. 그러기 위해서는 특수한 금속 재료가 필요하다. 현재 로켓 엔진의 출력은 연료뿐만 아니라 연소실의 고온, 고압에 대하여 재료가 어떻게 강도를 유지하느냐에 따라 제한된다. 우주선이 지구로 귀환할 때 대기층 통과 시 그 표면에 대단한 온도와 압력이 가해진다. 우주선의 안전성은 이 고온, 고압에 견뎌낼 재료의 성능에 의해 결정된다. 초고온, 초고압 하에서 안정한 재료는 그 온도가 올라갈수록 효율이 올라가는 MHD 발전이나 다이아몬드 합성 등 많은 공업 분야에 필요로 하고 있다. 원자력 발전에 필요한 재료는 내열성뿐 아니라 노심(爐心)의 방사능대(放射能帶)나 화학적 활성이 큰 매체(媒體) 중에서도 안정한 재료들이다.

전자공학, 통신공학에서는 고성능의 반도체, 전기 절연체, 열의 전기 에너지로의 변환 소자, 그 외에도 정반대의 성질을 갖는 재료가 필요하다. 또한 의학에서는 대단히 특수한 재료가 필요하다. 그것은 생화학적으로 견고하고 안정할 뿐 아니라 생체 조직과 잘 융화하는 물질이어야 한다.

각 공업 분야가 필요로 하는 금속 재료를 제공하는 것, 이것이 오늘날 금속학자의 중요한 임무인 것이다. 본서는 이들 학자들의 연구, 발견 및 성과에 대하여 논술하였다.

저자는 본서를 통하여 인류의 정신적, 육체적 능력을 창조적으로 발휘할 대상으로 아주 복잡하고 매력적인 그리고 끊임없이 진보하고 있는 금속학의 분야가 존재한다는 것을 명기하려 노력하였다. 금속학의 발전은 국가 전체의 발전은 물론 우리들 개개인의 생활 수준의 향상을 결정하는 것이다.

옮긴이의 말

이 책의 원저자는 러시아인으로, 내용은 읽기 쉽도록 되어 있다. 우리들이 알지 못하였던 러시아 내에서 일어났던 여러 가지 금속에 관한 연구 내용들과 이와 관련된 역사적인 사실들이 기술되어 있을 뿐 아니라, 다른 나라에서 일어났고 현재 진행되고 있는 연구와 역사에 관해서도 소상하게 기술되어 있다.

일본어로 번역된 것을 재차 번역하였으나 금속 공학을 전문으로 한 입장에서 가능한 한 원본에 충실하려고 노력을 하였다.

따라서 내용 중에는 공산주의 숭배자의 체취가 나는 곳이 몇 군데 있으나 저자들이 공산 치하에서 집필했다는 것을 참작해 주기 바란다.

모든 금속의 발명 경위와 역사 그리고 이와 관련된 재미있는 일화들을 같이 소개하여 흥미 있는 읽을거리로 만든 것이 특징이다. 현대 금속학의 이론적 근거인 양자 역학, 전자 배열 등을 다루며 금속의 여러 가지 현상들을 아주 쉽게 설명하고 있다. 특히 어려운 내용들도 수식 하나 쓰지 않고 아주 쉽게 설명을 하였다. 또한 새로운 금속이 어떻게 발명이 되었고, 그 금속을 어떻게 획득할 수 있는가, 성질과 가격 등이 어떻게 변하여 오늘에 이르게 되었는가를 잘 설명하여 금속이란 부엇인가 하는 것을 누구나 알 수 있도록 쓴 이주 유익한 내용이다.

본서는 비전문가를 위하여 쉬운 내용으로 썼으나, 전문가들에게도 전 분야에 대한 정리를 하는 의미에서 일독의 가치가 있다.

차례

1장
강도의 열쇠

우울한 연대기

1951년 1월 31일 아주 추운 아침 캐나다의 퀘벡에서 자동차 도로의 철교가 돌연히 무너졌다. 당시 그 철교를 통과하던 자동차는 한 대뿐이었다. 그 철교는 결코 낡아빠진 철교가 아니고 1947년에 준공된 불과 4년밖에 안 된 철교였다. 벨기에에서는 1934년부터 1938년 사이에 건조된 용접 교량 중 5분의 1이 1940년까지 견디지 못했다.

그 중 몇 개의 철교는 파괴되었다. 1938년 3월 13일 핫셀도 운하에 걸려 있던 전체 길이 73.5m의 다리가 붕괴되었다. 이 다리도 준공한 지 1년밖에 되지 않았었다. 이와 비슷한 사고가 1947년부터 1955년 사이에 놀랍게도 14건이 발생했다. 이러한 사건은 벨기에에서만 발생한 것은 아니다.

1951년 12월에는 체코에서 전장 12m의 가설 철교가 붕괴되었다. 기관차가 통과 후에 균열을 일으킨 것이다. 미국에서는 전 용접 선박의 사고가 수없이 기록되어 있다. 건조된 상선 5,000척 중 1,000척 이상에 균열이 발생하였다. 탱커 10척과 리버티 형의 화물선 3척은 선체가 두 동강났으며 그 외의 25척은 갑판부에 균열이 발견되었다. 취항도 하기 전에 망가진 배들도 있다.

1960년 초여름 카자흐스탄 카라간다의 야금 공장에서는 건조한지 얼마 안 되는 운반용 기중기가 파괴되었다. 1964년 8

월 그린란드 서남 해안에 있던 세계 최고의 건조물 중 하나였던 높이 400m의 로랑 송신국 안테나가 붕괴하였다. 이러한 사고들은 설계의 잘못으로 기인된 것은 아니다.

그러면 왜 이렇게 되었는가? 왜 기술의 정수를 배운 기사들이 건조물의 강도를 정확히 계산하지 못하였을까? 문제는 대단히 중대한 것이다.

보다 강하게, 더욱 강하게

강도 그것은 금속의 중요한 성질인 것이다. 청동기 시대가 석기 시대를 대치한 것은 청동이 돌보다 강하기 때문이었고, 철이 청동을 이겨낸 것은 청동보다 강하기 때문이었다. 오늘날에는 같은 1톤의 금속으로 50년 전에 비하여 아주 많은 물품을 만들 수 있다. 금속의 강도를 높이는 데 성공하여 제품이 소형화되었기 때문이다.

오늘날 자동차를 보고 놀랄 사람은 없을 것이다. 그러나 오늘날의 자동차는 정말로 경이(驚異)할 만한 대상이다. 예를 들면 50,000km를 수리 한 번 없이 주파(走破)한 자동차의 크랭크샤프트는 1억 회 이상 회전한 것이 된다. 그동안 피스톤으로부터의 충격을 1분에 7,000회 이상을 받는다. 전기 모터의 샤프트는 1분에 10,000~15,000회를 회전하며, 1분에 20,000회 이상을 회전하는 터빈이 있다. 이러한 기계들이 얼마나 강해야 할지 생각해 보자.

그러나 우주 시대의 기술로서는 기술자들의 꿈이었던 재료의 강도로도 불충분하다. 예를 들면 로켓 엔진은 연소실 내의 온도가 높아지면 높아질수록 출력이 강해지고 경제적으로 된다. 그러나 그 온도는 인공적으로 내리지 않으면 안 된다. 2,000℃ 이상의 온도에서 큰 하중에 장시간 견딜 만한 재료가 아직 개발되지 않았기 때문이다.

기계 설비의 성능이 향상되어 그 경제성이 증대되었고 기술 전 분야에 있어서 유용한 재료를 개발하고 사용하는 것은 각국의 공업 발전의 기본 과제이다.

금속은 다른 어떠한 재료에서 볼 수 없는 독특한 성질(전도성, 자성 등)을 갖고 있다. 그러나 그 대부분은 건축, 기계 류의 구조용으로서 고도의 강도, 즉 하중에 의한 변형에 장시간 견뎌야 하는 용도에 사용되고 있다.

다마스쿠스 강(鋼)의 비밀

'다마스쿠스 강'으로 만든 칼날은 그 위에 견직 머플러를 떨어뜨리면 그 중량에 의하여 머플러를 두 조각으로 낼 수 있을 정도로 예리하게 갈 수 있고, 철로 만든 철갑을 잘라도 날이 상하지 않으며 버들가지처럼 휘청거리게 굽혀도 부러지지 않으며 굽힌 손을 놓으면 가벼운 소리와 함께 똑바로 된다. 이것이 바로 '다마스쿠스 강'인 것이다.

'다마스쿠스 강'의 탄생은 수 세기 동안 베일 속에 숨겨져 있었다. 지금부터 1300년 전에 인도, 페르시아, 시리아, 이집트에서 만들어졌다는 기록이 있다. 중세에는 그것이 다마스크(지명)에서 만들어졌기 때문에 '다마스쿠스 강'이라는 이름을 붙이게 된 것이다. 또한 일본에서는 사무라이의 칼이 유명하다.

'다마스쿠스 강' 도검(刀劍)을 만드는 비밀은 부자상전(父子相傳)으로 전수(傳受)되어 그것을 아는 사람은 지극히 제한되었다. 그 외에 그 칼을 만든 장인들조차도 그 칼이 어찌하여 이러한 성질을 갖게 되는가 하는 것을 이해하지 못하였다. 우연히 찾아낸 금속의 처방과 그 가공법에다 미신도 곁들여져 전해졌다.

기원전 9세기 소아시아에 있었던 말갈 신전의 연대기에는 이 강의 제작법을 다음과 같이 기술(記述)하고 있다.

"평원에 오르는 태양같이 빛나도록 가열하고 황제의 옷의 자홍색 같이 될 때까지 근육이 좋은 노예의 육체 안에 찔러 식힌다. 노예의 힘이 칼로 옮겨져서 금속을 단단하게 한다."

중세기의 제법은 이와 같이 피 비린내 나는 것은 아나나 이에 못지않게 기묘하다. 다마스쿠스 강의 담금질을 빨간 털이

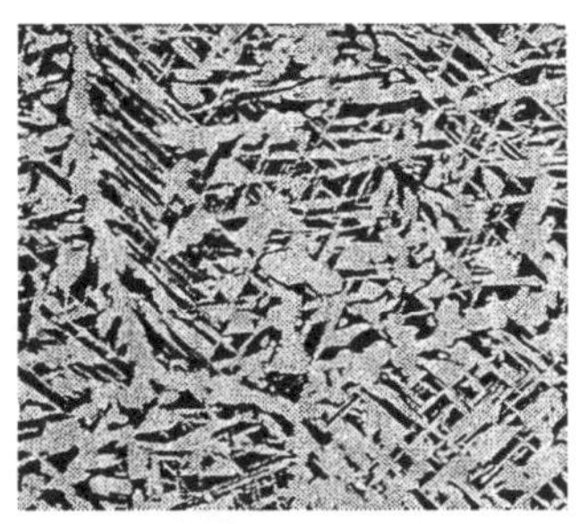

담금질강은 일반적으로 가열했다가 급랭을 하면 견고하고 강한 조직이 된다

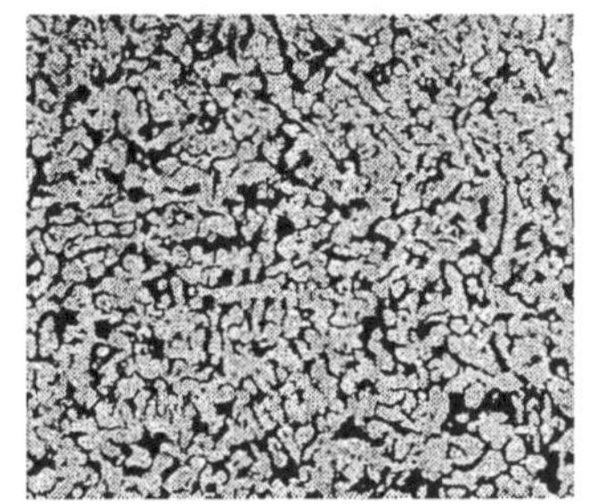

뜨임강은 적당한 용도로 가열한 후 천천히 냉각하면 연하고 변형하기 쉬운 조직이 된다

금속 표면을 현미경으로 보면……

난 소년의 오줌으로 행할 것을 권하고 있다(이 방법은 분명히 합리적인 일면도 있다. 소금의 용액이 순수 물보다 담금질 효과가 크다는 것을 그 후의 연구는 밝히고 있다). 그러나 대포가 출현하면서 '다마스쿠스 강(鋼)' 도검은 당시의 의의를 상실하게 되었고, 세법(製法)도 비밀이 아니게 되었다.

18세기 후반 산업 혁명이 일어나 대규모의 기계 생산과 더불어 양질의 싼값인 금속이 대량으로 필요하게 되었다. 수송 기관이나 탄광 내에서의 빈번한 사고나 발사 시 대포의 파손

등으로 금속의 성질을 근본적으로 연구하는 금속 전문의 과학 분야가 필요하게 되었다. 엥겔의 다음 말은 그 점을 지적하고 있다.

"만일 사회에 기술상의 필요가 생기면 그것은 수십 개의 대학을 세우는 것보다 과학을 진보시키는 원동력이 된다."

1820년의 일이다. 인도에 있던 영국의 여행자 P. 스콧은 그 지방의 '우츠강(鋼)'에 흥미를 가졌다. 이 인도산 철강으로 만든 칼, 끌, 톱, 총포 등은 타 지역 어떠한 것보다 우수했다. 그는 봄베이에서 강을 사모아 본국으로 가지고 가서 영국왕립협회에 인도하였다. '우츠강'의 연구는 노벨상 수상자인 마이클 패러데이가 담당했다. 화학 분석 결과 알루미늄이 다량 함유된 것을 발견해 주강에 철과 알루미늄을 혼합하여 합금을 만들었다. 합금의 외관은 다마스쿠스 강에 아주 흡사하여 다마스쿠스 강의 특징과 같은 모양이 나타나 합금의 효과가 있다고 생각했다. 그러나 패러데이는 잘못 알고 있었다. 합금이 닮은 것은 외관 뿐임이 나중에 판명이 되었다. 이리하여 다마스쿠스 강을 얻는 일은 실패로 끝났다.

1828년 당시 우랄 지역의 스라도우스도에서 일하고 있던 러시아의 야금학자 아노소프는 패러데이의 연구를 알고 이 유명한 영국인이 해명하지 못한 문제에 도전하였다. 그도 패러데이와 같이 단순히 강을 다마스쿠스화 하는 마법의 첨가물을 찾는 것부터 시작하였다. 그는 은, 백금, 금 그리고 다이아몬드까지도 첨가하였으나 목표한 강을 얻지 못했다.

금속의 조직을 연구하는 데 아노소프는 처음으로 현미경을 사용하였다. 이것은 그때까지 여러 번 시도하였으나 잘 되지

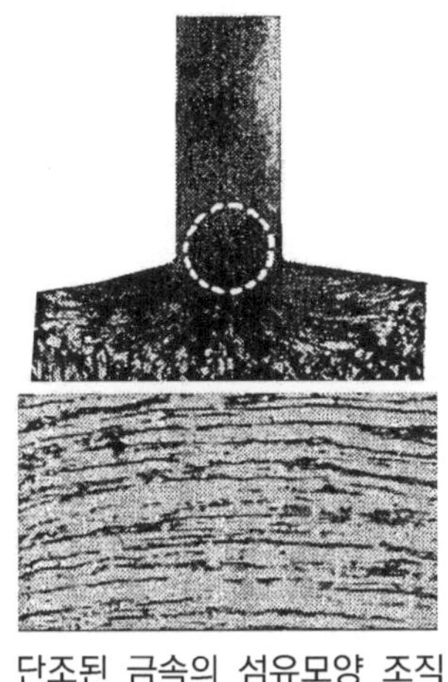

단조된 금속의 섬유모양 조직
(아래는 그 확대)

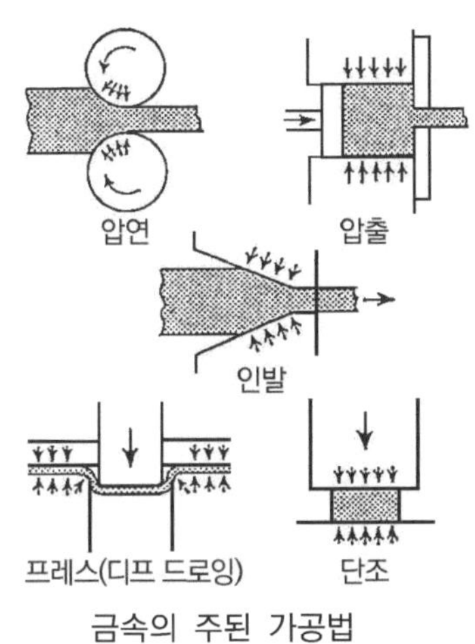

금속의 주된 가공법

못하였다. 문제는 반사(反射)로서 예를 들면, 면도칼의 날을 현미경으로 보아도 번쩍이는 표면 뿐이며 금속 조직은 볼 수가 없었다. 아노소프는 금속 내부의 조직을 관찰하기 위하여 시료(試料)의 표면을 산으로 부식시켰다(그는 상세한 부식 방법을 고안하였다). 이렇게 하여 그는 다마스쿠스 강의 문양이 그 내부 조직을 나타내고 있음을 알아내고, 또한 조직과 기계적 성질이 관계가 있음을 밝혀냈다. 그는 금속의 표면이 빈틈없는 망 모양으로 덮여 있으며 빗 모양으로 되어 있을 때 최 양질의 강 제품이 얻어진다는 것을 알아냈다. 아노소프의 결론은 오늘날에도 그 의의를 잃지 않고 있다.

1833년, 5년 간의 연구 끝에 아노소프는 결국 다마스쿠스 강을 재생하는 데 성공하였다(그 비밀은 강의 조직뿐만 아니라 칼날을 만드는 특수 기술에 있다는 것을 판명하였다). 유명한 총포용 강을 생산하고 있던 독일의 소린겐 시의 장인들은 그것을 쉽게 믿지 않았었다. 아노소프가 만든 칼이 독일제의 칼을 두 동강으로 절단한 것으로 그 우위성을 명백히 증명했다.

아노소프는 1841년, 다년간의 연구 결과를 종합한 『다마스쿠스 강에 관하여』라는 저서를 발간하였다.

금상학(金相學)의 탄생

같은 강으로 만든 대포라도 그 성능이 판이하게 다를 수 있다. 어떤 것은 오래 사용할 수 있고 어떤 것은 최초의 사격 시에 망가져 버리는 것이 있다. 왜 그럴까?

이 문제는 당시 28세의 기사 드미트리 콘스타노비치 르노프의 머릿속에서 떠나지 않았다. 그는 밤낮을 가리지 않고 공장 포병사격장 화학분석소에서 연구를 하였다. 르노프는 포신의 파열 단면을 면밀히 검사하여 오래 사용할 수 있었던 포신의 강은 미립 조직(微粒組織)이고, 바로 파괴된 포신의 강은 조립 조직(粗粒組織)인 것을 알았다. 화학 조성이 동일한 금속이 왜 조직이 서로 달라지는가? 조직의 변화가 일어나는 것은 포신의 가공 중에 발생한다는 것은 명백해졌다. 르노프는 어떠한 대포에도 최고의 품질로 만들 수 있는 금속 처리 방법을 찾아낸다는 중대한 과제를 자청해서 맡게 되었다.

대포의 공정은 포신을 주조하는 강의 용해 공장에서 시작한다. 다음은 강력한 해머로 단조하여 포신의 모양을 내고, 마지막 선반으로 마무리 가공을 한다. 당시 가장 연구가 부족했던 공정은 단조 공정이었기에 젊은 연구가는 여기부터 시작했다. 강을 가장 잘 단조하기 위해서는 어떠한 온도가 좋을까? 당시는 고온을 측정할 기구가 없었으므로 경험 있는 직공들이 가열

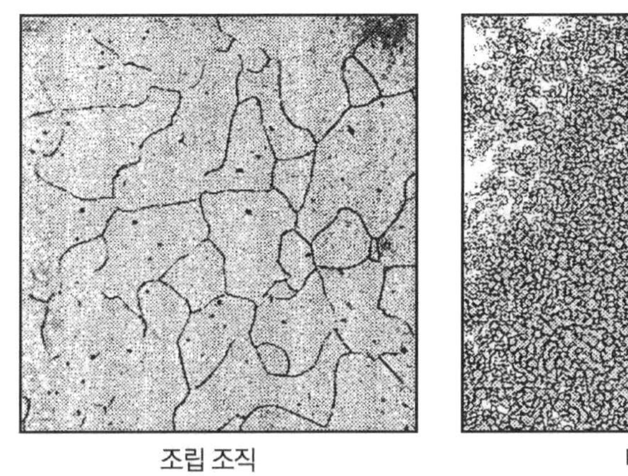

조립 조직   미립 조직

포신의 강도를 결정짓는 조직의 차이

된 강괴(鋼塊)의 색을 눈으로 보고 그 온도를 판단하였다. 고온계가 발명된 것은 그 후 20년 뒤가 된다. 나이 든 공장 직원들은 가열한 금속의 색으로 온도를 판단하는 방법을 가르쳐 주었다. 르노프는 학문을 위하여 건강을 해치는 것을 개의치 아니하여 시력 긴장으로 인한 난시안이 되었다. 그는 각각의 작열색(杓熱色: 암자색에서 백열색까지)으로 가열한 강괴를 단조하여 냉각 후의 강도를 시험기로 측정하였다. 그리하여 가장 높은 강도를 얻을 수 있는 온도 조건을 찾았으나 그것으로 그치지 않고 처리 공정 중에 금속에 무슨 현상이 일어나고 있는가를 끈질기게 연구하였다.

1868년 러시아 기술협회에서 르노프는 2년간의 연구 성과를 보고 하였다. 그는 금속의 융점 외에 강의 성질이 크게 변하는 두 개의 변태점(變態點)을 발견하였다. 'a'점은 암자색에 해당하며 'b'점은 광택이 없는 적색에 해당한다.

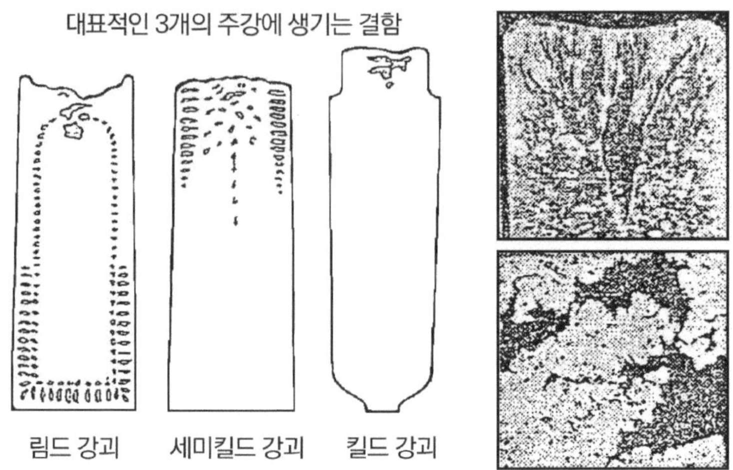

금속 제품의 품질을 떨어뜨리는 응결 결함
(오른쪽 위: 응결 결함, 오른쪽 아래: 응결 결함보다 작은 수축공)

가열한 강을 급랭하면 단단하게 된다는 것은 고대부터 알려져 있으며 호메로스의 『오디세이아아』에는 다음의 일절이 있다.

"대장장이가 빨갛게 달군 도끼를 찬물에 담구어 쉬쉬 하도록 담금질을 하는 것과 같이 철을 물과 화염 안에서 단조를 하면 강하게 된다."

그러나 르노프는 강을 단단히 하려면 그것을 'a'점 이상으로 가열하고 급랭하여야 한다는 것을 밝혔고, 어떠한 강을 급랭하여도 가열이 'a'점 이하이면 담금질이 되지 않고 역으로 유연해져서 톱으로도 간단히 자를 수가 있게 된다는 것을 역설하였다. 'b'점까지 가열한 강은 조립 조직에서 미립 조직으로 변화한다. 르노프는 제일 좋은 조성을 갖고 금속의 입자를 늘려 세분화하는 단조 공정을 규정하였다.

그 후에 정확한 측정에 의하여 'a'점은 약 700℃, 'b'점은 800~850℃로 확인되었다. 그러나 강의 조성에 의하여 이 점들은 각각 변한다. 그가 발견한 'a'나 'b'의 온도는 오늘날에도 야금 기술상에 큰 공헌을 하고 있다.

그는 또한 적절한 열처리 조건이 얻어지면 주강(鑄鋼)이라도 미립(微粒) 조직이 얻어진다는 것을 제시하였다. 일반적으로 주강은 기포(氣泡)나 공동 수축공 등이 존재하여 재질이 약하게 된다. 따라서 가압이나 단조에 의하여 이들 결함을 없애는 것이 필요하며 "만일 기포나 수축공이 없으면 주철과 마찬가지로 직접 용강에서 소요 형상의 제품을 주조할 수가 있을 것이다"라고 르노프는 기술하고 있다. 오늘날에는 이러한 결함이 없는 주강을 얻는 방법이 개발되어 거대한 가열로 해머, 프레스 등을 필요로 하는 복잡하고 시간이 걸리는 단조 공정은 대부분의 경우 불필요하게 되었다. 이 젊은 학자의 발명에 의하여 러시아군은 정확하고 튼튼한 대포를 확보할 수가 있었던 것이다.

르노프는 새로운 연구를 계속하였다. 1878년 그는 러시아 기술협회에 『주조 봉강의 구조에 관한 연구』의 보고를 했다. 그것은 강의 응고와 조직의 연구 결과를 종합한 것이었다. 용강(溶鋼)을 주형에 주입하면 우선 주형의 찬 내벽 또는 공기와 접촉한 면부터 응고가 시작된다. 르노프에 의하면 "성장한 결정은 서로 부딪혀 교차되어 용강으로 가득 찬 공간을 작게 분할 폐쇄해 버린다. 분할된 공간의 용강은 결정이 다시 성장하는 데 필요한 재료 역할을 하지만 여기서 금속의 수축이 일어나 폐쇄된 공간 내부에 수축공이 남게 된다. 분명한 것은 주위의 용강이 응고를 시작하여 급속히 유동성을 잃으면 결정의 바른 성장을 위한 용강의 보충이 불가능하게 되어 강괴 중심부의 금속이 푸석하게 되는 이유가 된다"는 것이다.

용융 금속이 응고할 때 입상의 결정뿐만 아니라 연결된 소결정으로 이루어진 '수지상 결정(덴드라이트)'이 발생한다. 덴드라이트(Dendrite)는 그 가지를 서로 교차하면서 성장하여 개개의 금속입자를 서로 결합해 간다. 철의 응고 시 부피 감소는 최대 4%이며 수축공은 통상 금속 입자의 경계 부분에 발생한다. 즉 그 곳에 인접한 입자의 결정 과정이 끝나기 때문이다. 수축공의 내부에서는 결정의 성장을 방해하는 인자가 없으므로 강괴가 커서 응고 속도가 적을 때는 비틀림이 없는 단결정이 성장한다. 르노프가 수집한 단결정 중에는 길이 39㎝, 무게 3.45㎏의 철의 단결정이 있다.

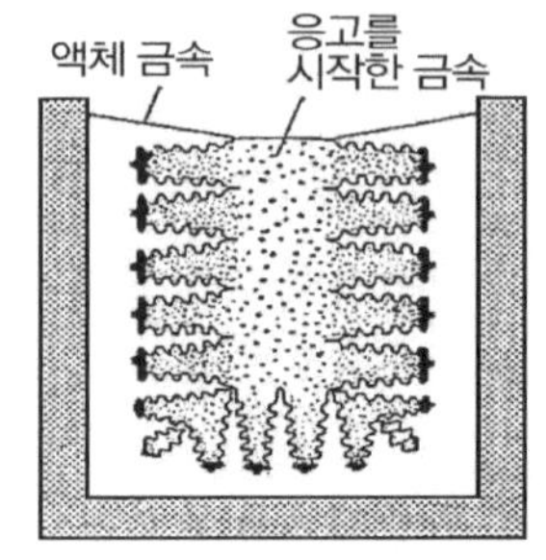

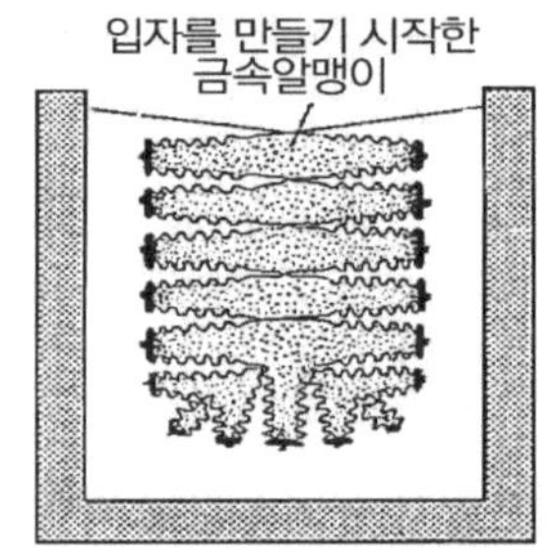

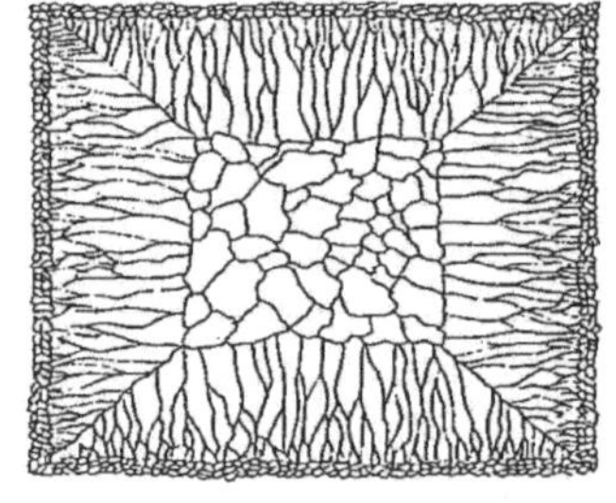

주형에 부어진 용강의 응고 모양
(제일 아래 그림은 위에서 본 금속 입자의 성장을 나타내고 있다)

이것은 100톤 강괴의 수축공 내에서 발견한 것으로 '르노프 결정'의 이름으로 알려져 있다. 지금은 모스크바의 포병 아카데미에 보존되어 있다. 또한 금속은 응고 시 다수의 기포를 발생시킨다. 이것은 고체 금속에 각종 가스의 용해도가 용융 상태에서보다 현저하게 낮기 때문에 응고 시에 과잉의 가스를 방출하기 때문이다. 가스의 일부는 대기 중으로 배출되고 일부는 금속 중에 기포로 남게 된다.

르노프는 이러한 강괴 중의 결함을 분석 검토하여 그에 대한 많은 대책을 제안했다.

⑴ 강을 진공 중에서 용해하여 가스를 방출시키는 것

⑵ 용강에 고압력을 가하면서 응고시켜 수축공이나 기포를 방지하는 것

⑶ 용강 중의 가스를 화학적 방법(용강에 알루미늄이나 규소 등 용강 중의 산소와 화합이 용이한 물질을 첨가하여 산화물을 만든다)으로 고정시키는 방법 등

2차 세계 대전 전에는 알루미늄 합금 주물의 기포 방지에 고압력 용기를 사용했었다. 또한 오늘날 진공 중의 금속 용해법이나 용강 중에 가스와 반응하는 물질을 첨가하는 것도 널리 행해지고 있다. 다마스쿠스 강의 단조는 이 덴드라이트 결정을 부수지 않고 그저 다지는 정도로 하는 것이 필요하였다. 르노프는 "담금질 시 단단한 물질은 강하게, 그 외의 것은 약하게 남금질이 되지만 양자가 서로 교차되어 있어서 경도와 탄성이 높은 재료가 얻어진다"고 기술하고 있다. 다마스쿠스 강 표면의 문양은 실제로 그 조직을 반영하고 있다고 한 아노소프의 선견이 확인된 것이다.

르노프의 업적은 야금을 확실한 과학으로 성장시킨 데 있다. 그래서 프랑스의 유명한 금속학자 몽고리페는 1900년에 열린

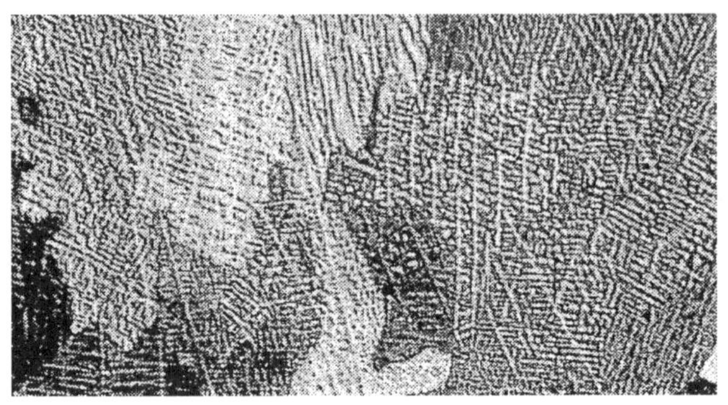

수지 모양 결정 덴드라이트 조직

세계 박람회에 모인 세계의 야금학자들 앞에서 "우리들의 공장 및 철강업이 오늘날의 성공을 이룩한 것은 러시아의 르노프 기사의 노력과 연구 성과에 절대적으로 힘입은 것이 크므로 전 야금 공업계의 이름으로 그에게 우리들의 사의를 표하는 것이 나의 의무라고 생각한다"라고 하였다. 또한 미국의 야금학자 하위는 그의 저서의 헌사(獻詞)에 "철 금상학의 아버지 도미트리 콘스타노비치 르노프 교수에게 바친다"라고 기술하고 있다.

정렬하는 원자

"금속 열처리의 전 공정은 주로 금속의 결정 구조에 의하여 결정된다"라고 르노프는 말했다. 금속과 합금의 강도의 비밀을 이해하는 데는 결정의 구조에 대하여도 잘 알아둘 필요가 있다.

결정 구조의 연구는 20세기가 되어 X선, 전자 현미경, 아이소토프, 초음파 등의 근대적 수법으로 추진되어 왔다. 예를 들면 X선 구조 해석으로 결정 구조의 대칭성, 격자 중의 원자 위치가 결정되어 각종 물질의 결정 모형이 만들어졌다.

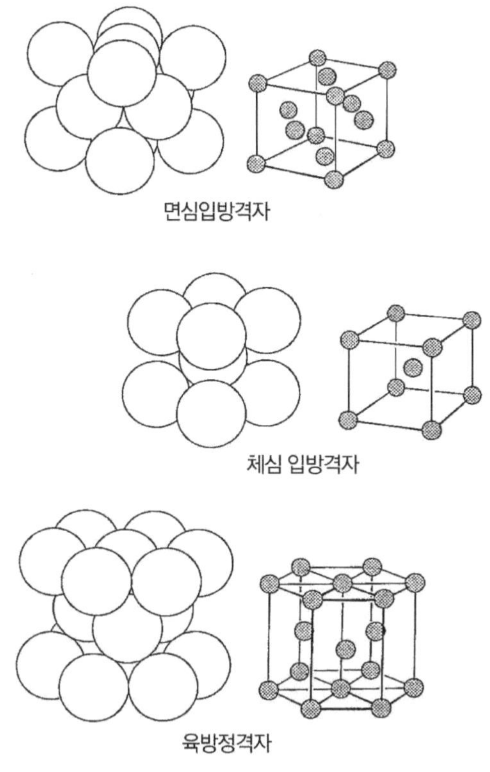

세 종류의 고체 금속의 구조

고체 금속은 이온화한 원자로 구성된다. 이들 원자는 대략 구형으로 보아도 좋고, 제일 좋은 진자의 교환 조건이 얻어지도록 상대적인 위치를 점한다. 이와 같은 전자 교환이 양호하면 양호할수록 이온화 원자는 서로 근접하여 존재한다. 가장 긴밀한 구의 충진은 면심 입방체와 육방체이다. 이 양자의 결정 구조에서는 부피의 74%를 이온구가 차지하고 있다. 대다수의 금속은 이와 같이 가장 면밀하게 밀집한 이온의 배열을 갖고 있다. 면심 입방체로는 알루미늄, 구리, 납, 니켈, 금, 은, 백금 등이 있고 육방체로는 마그네슘, 아연, 카드뮴, 베릴륨 등이다. 기타 많은 금속은 체심 입방체로 부피의 68%를 이온구가 점유하고 있다. 이러한 구조를 갖는 것으로는 리튬, 크로뮴, 바나듐, 몰리브데넘, 텅스텐 등이다. 소수의 금속만이 충진도가 아주 얕은 구조를 취하고 있다.

벽지의 문양이 같은 그림을 여러 번 반복한 것과 같이 결정도 단위격자를 입체적으로 여러 번 반복한 구조로 되어 있다.

격자 중에 있는 두 개의 원자 간에 생기는 상호 작용은 다음과 같이 설명이 된다. 두 개의 공을 고무끈과 스프링으로 연결해 놓으면 두 개의 구의 위치는 구와 고무끈에 의한 인력과 스프링에 의한 척력(斥力)이 평형(平衡) 하는 곳이 된다. 이 평형 위치에서 구를 움직이려면 적당한 양의 에너지가 필요하게 된다.

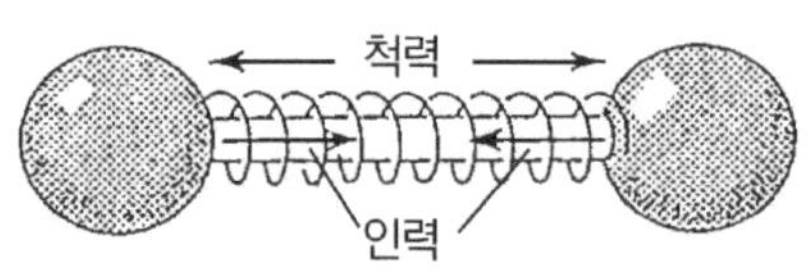

원자 간의 상호 작용 모델

결정 중에서도 같으며 원자 간에는 인력과 척력이 작용하고 있다. 이러한 힘은 원자가 그 평형 위치 즉 격자점에서 이탈되면 그것을 원점으로 돌아가도록 작용한다. 예를 들면, 다마스쿠스 강의 탄성은 이러한 힘이다. 이 칼을 굽히면 원자는 평형 위치에서 이탈되고 손을 놓으면 원자가 원위치로 돌아가 칼도 원위치로 되돌아간다.

금속이 응고할 때 그 결정화가 많은 부분에서 동시에 시작되는 것을 보았다. 응고 부분은 그 중심에서 사방으로 발달하여 결국은 서로 마주쳐서 작은 결정 입자가 무수히 퇴적된 블록

(block) 구조가 된다. 두 개의 결정 입자의 사이에는 결정격자가 각기 여러 방향을 취하여 서로 맞지 않게 된다. 두 개의 결정 입자의 경계 부근에서는 쌍방의 결정 방위의 영향을 같은 정도로 받아 쌍방의 위치 에너지가 최소가 되도록 비틀린 장소에 원자가 위치하게 된다. 이러한 입자 간의 결합은 충분한 기계적 강도를 갖지 못한다.

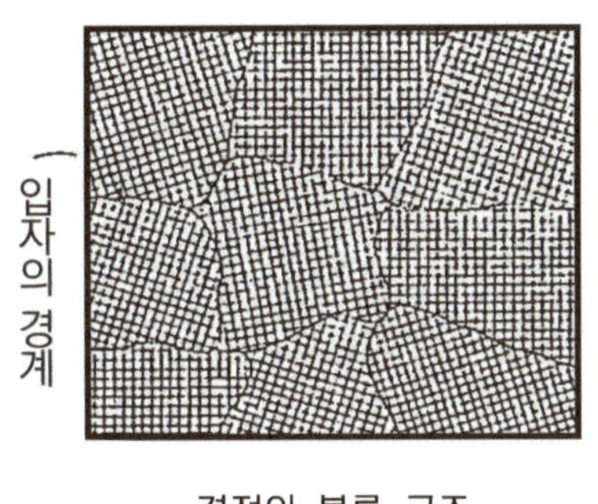

결정의 블록 구조

그 외에 입자의 경계 부근에는 통상 여러 종류의 불순물이 농축되어 기공도 이곳에서 가장 많이 발생한다. 이러한 것이 입자 간의 결합을 더욱 약화하여 불순물이 많은 금속이 하중을 받으면 입자 경계에서부터 파괴되는 원인이 된다.

단조, 압연, 형단조, 프레스 등의 공정은 금속 입자를 이겨 강력한 원자간 상호 작용이 입자 간에도 작용하도록 접근시키는 것이다. 이러한 결합은 앞에서 말한 블록 적층보다 강고한 것이다. 그래서 소성 변형과 열처리를 받은 후의 금속이 주조 상태의 금속보다 강도가 월등히 높은 것이다.

소성 변형(단조, 압연, 프레스 등)이 가능한 것은 결정체 뿐이다. 그래서 어떤 결정학적 평면을 끼고 원자의 대집단이 일치하여 이동한다. 소성 가공은 복잡한 물리 화학적 과정이며 금속의 크기, 형상뿐만 아니라 성질도 바꾸어 놓는다. 그러나 그 과학적 기반은 아직도 종말을 짓지 못하였으며, 실험 데이터도 단편적으로 된 것 뿐이다. 지금까지 결정에 관하여 기술했으나 이상적인 결정—그것은 구조가 완벽하고 이상적인 대칭을 갖는—에 관하여 생각해 보자. 현실적으로 존재하는 결정은 불행히도 이상적인 결정과는 동떨어진 것이다. 왜 그렇게 될까?

어릴 적에 장난감 블록으로 탑을 만들어 본 적은 없는가? 그 때에 밑에서부터 몇 단까지는 탑이 안정해 보인다. 그러나 7→10→20단으로 갈수록 탑이 흔들리기 시작하여 결국은 안정을 잃고 넘어지고 만다. 결정 성장의 경우에도 마찬가지로 예를 들면, 최초의 100→1,000→9,000번째의 원자층까지는 안정하지만 12,000→15,000번째로 나가면서 점점 감지할 수 있을 정도의 비틀림이 나타난다. 또한 원자가 있어야 하는 곳에 원자가 없거나, 딴 곳으로 들어가든가, 어떤 결합면에서 조금 빗나가면 그때마다 작은 흠이 발생한다. 각각은 작지만 다수의 흠집이 모이면 이것이 결정격자를 크게 비틀리게 한다. 그래서 이상적인 금속 결정—그것은

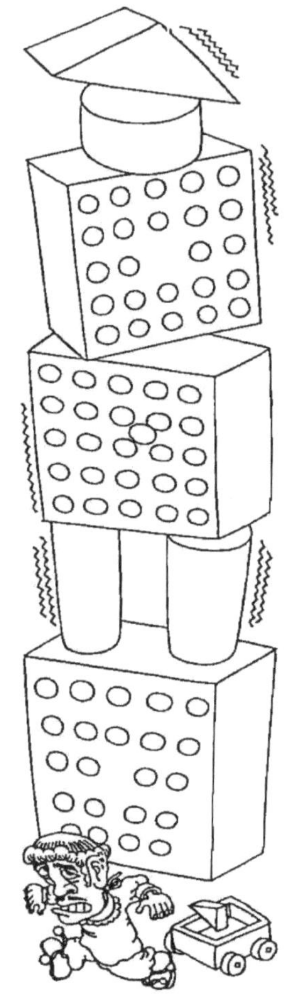

결정 구조의 결함

전혀 불순물을 포함치 않으며 결정격자의 비틀림도 없는—은 기하학에 있어서 원이나 선과 같이 실존하지 않는 추상적 산물인 것이다.

이상 결정의 '불안정성'에 관한 연구는 여러 과학자에 의하여 시작되었다. 그들의 연구는 금속의 강도에 미치는 격자 결함의 영향에 관한 근대 개념의 기초가 되는 것이다. 그러면 금속의 결정격자에 각종 결함이 발생하는 것은 왜 그런 것일까?

결정의 격자점에 존재하는 '이온화 원자'는 결코 부동이 아니고 고온이 될수록 진폭을 증가하며 진동하고 있다. 다시 고온에서는 그 평균 에너지가 증대하여 상호 작용의 결과, 원자가 평형 위치에서 뛰쳐나올 정도로 큰 에너지를 갖는 것도 나온다. 평형 위치에서 뛰쳐나온 원자는 결정격자 속을 방랑하든가 그렇지 않으면 표면에서 대기 중으로 증발한다.

결정격자 속을 방랑 중인 원자를 '전위(傳位)' 원자라 하며, 그 원자가 뛰쳐나간 뒤의 공석을 공공(空孔) 또는 홀(hole)이라 칭한다. 융점 부근의 온도에서는 전위 원자가 총수의 1~2%에 달한다. 공공도 또한 결정격자를 따라서 이동한다. 그 이동이 어떻게 일어나는가를 이해하는 데는 다음의 예가 적당할지도 모르겠다.

지금 영화관의 관람석에 열째 줄의 중앙 자리가 비어 있다고 하자. 빈 자리의 옆의 손님이 하나씩 이동하여 새로운 빈 자리를 채워 나가면 마치도 빈 자리 자체가 이동한 것 같이 보일 것이다. 이와 같이 결정격자 중의 공공도 이동하여 결국은 결정의 표면으로 배출된다. 공공이 서로 결합하여 육안으로 보일 정도의 공간을 만들 수도 있다.

모든 종류의 불순물도 부동이 아니고 격자 중에 침입하여 격자를 이완시킨다. 원자는 극히 작아서 불순물의 양이 적더라도 격자 이완의 수는 많은 수가 된다. 그것이 금속 재료의 성질에 강하게 영향을 준다는 것은 놀랄 만한 사실이다. 예를 들면, 가소성의 니켈은 취성(단단한 유리같이 부서지기 쉬운 성질)이 되려면 유황의 불순물이 0.005% 존재하면 된다. 최고 순도의 철은 -269℃에서 가소성(찹쌀떡같이 모양을 변형시킬 수 있는 성질)이나 수소 또는 탄소의 불순물이 0.0001%라도 존재하면 상온 부근에서도 취성으로 된다.

또한 저마늄 반도체는 원자 10억 개에 대하여 불순물 원자 한 개가 존재해도 그 성질이 크게 변화한다. 따라서 고순도 금속과 공업적으로 순수한 금속과는 전혀 다른 성질을 갖고 있다. 금속 재료의 성질과 그 강도에 크게 영향을 주는 것으로 일부 금속의 특수한 온도, 압력 등의 외적 조건에 의하여 결정 구조가 변화하는 성질(즉 변태)이 있다.

카멜레온 금속

스코틀랜드의 탐험대가 남극을 향하여 고투하고 있었다. 대원들은 혹한이나 폭풍에도 굴하지 않았다. 다만 용감한 그들이 죽은 원인의 하나는 주석 때문이었다. 석유의 용기를 납땜질한 통상의 백석 때문이었던 것이다. 이 백석은 남극의 추위 때문에 회색의 푸석푸석한 가루가 되어 석유 용기에서 모든 석유가 유실되었다. 탐험대는 이 때문에 광과 열원을 잃어 결국은 사망에 이르게 된 것이다.

이런 일은 자연법칙에 의한 것이다. 즉 백색석이 온도의 영향에 의하여 변태—타결정형으로의 구조 변형—한 것이다. 다이아몬드나 숯이 같은 탄소로 되어 있으나 다른 점은 그 결정 구조의 대칭성뿐인 것을 다들 알고 있을 것이다. 모든 금속의 과반

수는 온도에 의하여 결정형이 여러 개로 변화한다.

백색 주석은 18℃ 이상에서 안정하지만 그 이하의 온도가 되고 동시에 미량의 회색 주석이 공존하고 있으면 점차 모두가 회색 주석으로 변화해 간다. 이러한 불쏘시개가 없으면 영하 20℃에서도 변화는 일어나지 않는다. 그러나 온도가 그 이하로 내려가면 홀로 변태를 시작한다.

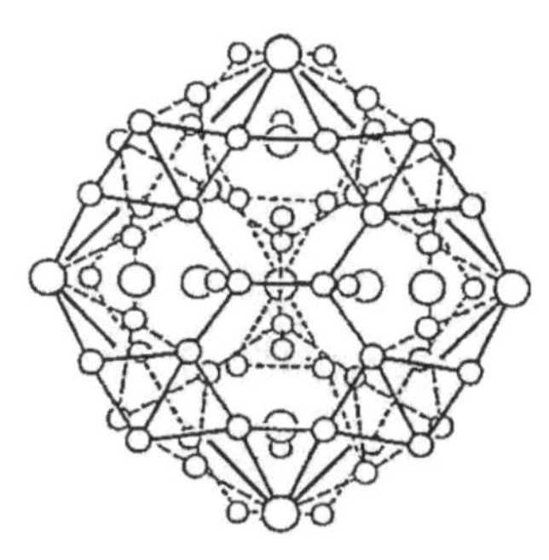

망가니즈는 705℃ 이하가 되면 복잡한 단위격자로 변한다

이 현상은 '주석 콜레라'라고 불리며 옛날부터 알려져 있었다. 극미량의 회색 주석이 부착되어도 추운 곳에서는 주석이 줄줄이 변태를 일으키므로 마치 콜레라가 전염하고 있는 것 같이 보인다. 이에 비하여 무정형 안티모니(안티모니의 염의 전해로 얻어진다)이 금속 안티모니로 변화하는 변태는 대단히 급속하게 일어난다. 변태는 폭발적으로 진행하며 다량의 열을 발생함으로써 승홍(昇汞: 염화 제이수은)이 안개 같이 날아 흩어지게 된다. 일부의 금속이 가진 온도, 압력 그 외의 외적 조건에 의하여 결정형을 변화시키는 성질은 1822년 E. 미젤히에 의하여 발견되었고, 철에 관하여는 트노프가 발견하였다. 이러한 성질을 후에 물질의 동이변형이라 부르게 된다. 동일 원소의 여러 가지 결정 형태는 α(알파), β(베타), γ(감마) 등의 그리스 문자로 표시한다. α는 저온도에서 안정하며 $\beta-\alpha$ 순으로 고온에서 안정한 형태를 나타낸다. 다형 금속인 타이타늄, 지르코늄, 하프

늄, 철, 망가니즈 등은 그 융점이 비교적 높은 데도 불구하고 고온에서의 강도가 작다. 문제는 카멜레온과 같이 변화하는 이 금속들은 변태—이것은 비교적 낮은 온도에서 일어난다—이후에 외력에 대한 저항력이 극단으로 작아지는 데 있다. 다형성이 없는 니켈 합금은 900℃ 이상의 온도에도 장시간 사용되지만 다형 합금은 600~700℃까지지밖에 사용할 수 없다. 따라서 이들 카멜레온 변태 온도는 융점보다도 신뢰할 수 있는 내열성의 바로미터가 된다.

고온에서의 카멜레온 금속의 형태는 저온의 경우보다 결합 구조가 보다 간단하며, 체심 입방이나 면심 입방 중의 하나이다. 이들의 결정 구조는 소성 변형을 받았을 때 상호의 결합을 흐트리지 않고 특정 평면에서 '미끌림(Slip)'이 생기는 데 적합하다.

이러한 것을 기반으로 1950년 이에 M. 사비츠키는 소위 소성의 법칙을 제안하였다. 그에 의하면 모든 다형 금속에서는 그의 최고온의 형태가 최대의 소성을 나타나게 되며 실온에서는 푸석푸석하여 가공이 곤란한 금속이라도 고온에서는 단조, 압연, 프레스 등에 의한 가공이 가능하게 된다. 예를 들면 α형 망가니즈는 705℃ 이하에서 안정하나 그 단위격자는 58개의 원자로 구성된 복잡한 구조이며 단단하고 푸석푸석한 성질을 갖고 있다. 그러나 고온에서의 γ형 망가니즈는 체심 입방격자로서 이주 풍부한 소성을 지니고 있다. 또한 우라늄의 저온에서의 α형은 복잡한 능면체(菱面體) 격자를 갖고 있으며 약간 푸석푸석하다. 775℃ 이상에서 안정한 γ형은 대단히 변형이 쉽게 된다.

앞에서 거론한 주석의 경우도 18℃ 이상에서는 소성이 있던 것이 저온에서는 회색 주석으로 되어 단단하고 푸석푸석한 분말이 되어 버린다.

이러한 지식에서 상온 부근에서도 다형 금속을 가공할 수 있도록 할 목적으로 금속에 어떠한 원소를 첨가하여 합금화함으로써 고온 형태를 저온까지 보존시키는 것을 착상하였다. 이런 연유로 벌써 1906년에 잼 추지니는 구리 3%를 첨가한 단조용의 망가니즈를 얻었다. 그 후의 연구로 구리는 망가니즈의 γ형태를 안정화시키는 원소인 것이 알려졌다. 같은 효과가 철, 니켈, 아연을 첨가한 경우도 발견되었다. '주석 콜레라'의 방지도 같은 방법으로 예를 들어 소량의 비스무트의 첨가로 가능하며 극저온까지도 백색 주석이 안정하게 된다.

소성의 법칙을 적용하면 어떠한 카멜레온 금속, 예를 들면 초우라늄 원소라도 그 최고 온도에서의 결정 형태를 예언할 수 있다. 그러나 초우라늄 원소는 극미량밖에 얻을 수가 없으므로 예언의 검증은 실제로 어렵다. 그러나 구조가 확인된 원자력 공학상 중요한 금속(플루토늄 1954년, 넵투늄과 바쿠륨은 1962년)에 대해서도 예언의 정당성은 잘 증명되어 있다.

공업적으로 널리 사용되는 다형 금속의 특징은 타원소를 용해시키면 변형 성능이 크게 변화하는 데에 있다. 강의 열처리 공정은 탄소와 기타 넷 개의 원소를 포함한 철에 대하여 ㄱ 고온상과 저온상의 다른 성질에 착안하여 소성 변형과 상태 변화를 유효하게 이용하는 것이다.

카멜레온 금속은 각각의 형태에 따라 물리적 성질(예를 들면 전기 저항, 열팽창 등)이 다르게 된다. 이것은 각종 첨가물을 넣어 형태를 안정화시킴으로써 초기의 성질을 갖는 합금을 만드는 것을 가능케 하는 것이다. 공업 상 중요한 스테인리스 강은 철의 고온 형태인 γ상을 상온에서 안정화시켜 사용하는 대표적인 예이다. 물질의 다형 현상—이것은 유기물에서도 보이고 있다—은 금속의 그것을 포함하여 아직도 과학적으로 해명해 나가고 있다.

어찌하여 이와 같이 다종류의 결정형이 있는 것인가, 다형 현상의 존재에 물리적 근거가 있는 것인가, 아니면 문제는 불순물과 결함에 있는 것인가? 등은 아직도 해결되지 않았다. 또한 다형 금속이 주기율표 II, III, IV, VII 및 VIII족에 많이 분포되어 있으며 V와 VI족 안에는 없는 이유에 대해서는 밝혀지지 않았다.

그러나 한편 다형 구조의 전자 구조가 온도와 압력, 또는 불순물의 합금 원소의 첨가에 의해서도 변화하는 것을 볼 때 전자 구조와 다형 구조 사이에 밀접한 관계가 있음은 명백하다. 다형에 관한 모든 문제는 금속을 포함한 고체 이론과 깊은 관계가 있다고 할 수 있다.

펜촉의 발견

지금까지 결정격자 중의 모든 결함이 금속의 강도를 저하시킨다는 데 관하여 논했다. 그러나 이들 결함을 완전히 방지한다는 것은 사실상 불가능한 것이다. 1940년대에는 매년 향상해 오던 금속의 진보가 멈추어, 사람들은 한계에 도달한 것이 아닌가 생각하게 되었다. 그러나 수년 후에는 고체 물리학의 진전에 의해 재료의 강도를 몇 배로 증가시킬 수 있는 새로운 숨통이 트이게 되었다.

연구는 우선 금속의 이상적, 즉 이론적 강도를 구하는 데서 시작되었다. 결정을 파괴하려면 격자점의 원자를 서로 분리시키든가 그렇지 않으면 옆으로 밀어내야 한다. 그 어떠한 경우에도 원자 간의 결합력을 극복하지 않으면 안 된다. 그 결합력을 결정 단면에 존재하는 원자의 수와 곱하고 합하면 금속의 강도가 얻어질 것이다.

학자들은 그 계산을 실행하여 보고 놀랐다. 계산치는 실제 강도의 몇 배가 아니라 수백 수천 배가 된 것이다. 처음에는 계산 착오가 발생해 원자 간에 작용하는 힘을 너무 크게 본 것이 아닌가 하고 생각도 하였다. 그러나 상세한 실험이나 측정 결과 그 힘은 정확하게 평가되고 있음을 알게 되었다. 여러분이 익히 알고 있듯이 격자 중의 모든 결함이 금속의 강도를 저하시키고 있을 가능성에 대해서도 당연히 검토되었다. 그러나 그 답은 부정적이었다. 즉, 금속의 강도를 100분의 1로 내리려면 전 부피의 99%까지를 결함이 차지해야 하며 해면과 같이 구멍투성이가 되어 버린다. 그러나 실제의 강도는 이상(理想) 강도의 수백 수천분의 1밖에 안 된다. 이것은 어찌 된 것일까?

이 해답은 결코 간단하게 한 번에 발견된 것이 아니다. 1930년대 이후 존 테일러, 오로완, 폴라니, 러시아의 프렌켈 등이 각각 독자적으로 이론을 발전시킨 괴인 것이다. 그들은 결정이 어떤 단면에서 한꺼번에 밀리든가 분리되지 않고, 결정 내에 '단위 밀림'의 파도가 일어나 그 파도가 표면에 나와 결정격자의 일원자 직경의 두께만큼만 밀린다는 개념을 내놓았다. 즉 결정의 변형은 '단위 밀림'이 하나하나씩 일어나 그것이 집적되어 큰 변형을 일으킨다고 생각한 것이다.

　예를 들어, 두 열로 마주보고 서 있는 사람의 열을 상상하자. 각자는 마주보고 있는 사람의 손을 꼭 쥐고 있다. 이 때에 한 쪽의 열을 다른 쪽의 열과 밀리게 하려면 어떻게 해야 하는가? 열이 길면 줄을 서 있는 사람의 전부의 힘을 극복하지 않으면 안 된다. 제아무리 장사라도 그것은 불가능하다. 그러나 제일 끝에 있는 한 사람만 한 발 옆으로 움직인다면 그리 큰 힘은 들지 않을 것이다. 이어서 그 열에 생긴 빈 곳에 두 번째 사람을 옮기고 두 번째 사람이 있던 곳에 세 번째 사람을 옮기고, 이런 식으로 끝까지 계속하면 결국 한 줄이 다른 줄에 대하여 한 사람분만큼만 이동(밀림)한 것이 된다.

　결정 중에 있는 원자층과 인접한 원자층이 밀릴 경우도 앞에서 말한 것과 같이 상상할 수 있다. 격자 결함을 이용하여 원자를 그 한 개분의 치수만큼 줄줄이 이동시키면 필요한 힘은 원자층 전체를 한꺼번에 밀리게 하는 것보다 아주 적게 소요될 것이다. 결국 그 결정은 비교적 적은 힘으로 변형시키게 되는 것이다. 원자층 미끌림의 그림에 보이듯 이 전위(轉位)를 한 원자층만 이동시키는 데는 전위 부근의 각 원자를 한 원자층 두께의 몇 분의 1 거리만큼 조금만 미끄러지게 하면 충분한 것이다. 수면(水面)을 이동하는 파도의 운동은 물의 입자가 그 평형 위치 부근에서 약간낭 동요하더라도 일어난다. 전위 부근의 원자의 미끌어짐도 예를 들면 이 파도같이 결정 내부를 이동해 간다. 물 입자의 적은 이동이 집적되어 대해의 파도같은 파괴력을 만들어 내는 것을 상기하여 주기 바란다.

　이상 설명한 것과 같이 우리들의 추리는 물론 완전한 것은

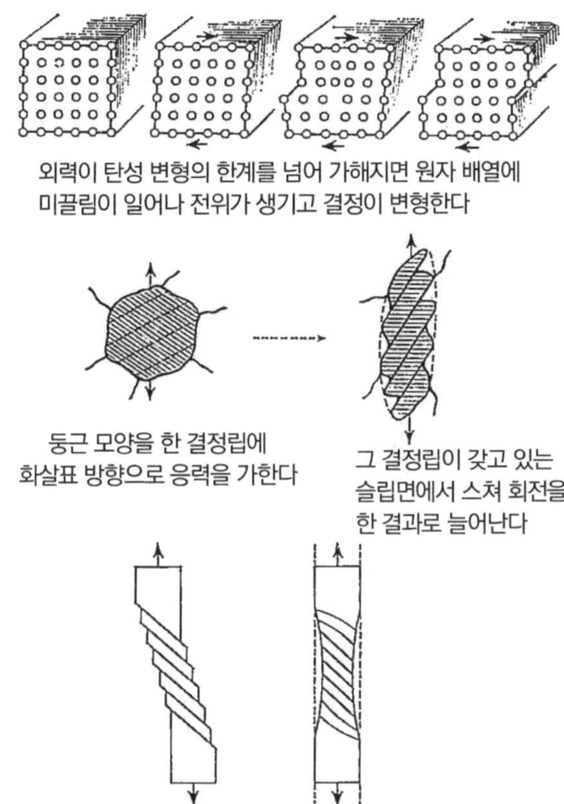

원자층의 미끌림(전위)에 의하여 결정은 변형해 나간다

아니다. 사실을 아주 간략화한 것이나. 여기에서는 나사형 전위나, 전위 발생의 기구 등 설명이 복잡하게 될 듯한 것에 대해서는 조금도 언급하지 않았다.

이론가들에 의한 전위의 발견은 해왕성의 경우와 같이 책상 위의 펜촉에서 태어난 것이다. 후에 전자 현미경을 사용하여 전위를 직접 관찰할 수 있게 되었다.

전위를 태어나게 하는 데는 원자를 평형 위치에서 이동시키는 일정한 힘이 필요하고 결정 내에는 전위에 대응하는 위치 에너지가 축적된다. 전위는 금속이 융체(녹아있는 물체)에서 결정화하는 과정에서 이미 발생하고 있고(실제의 결정에 100만~1억 개/cm^3) 결정이 변형될 때는 그 수가 수천 수백만 배로 증가한다.

전위 이론은 금속의 강도를 어떻게 높이는가의 문제에 전혀 다른 관점을 주게 되었다. 금속의 실제의 강도가 이론상의 수치에 못미치는 주된 원인이 '전위의 운동'에 있다고 하면 두 가지 방법을 생각할 수 있다.

⑴ 전위를 포함하지 않은 금속 재료를 만들어 이론의 강도에 접근시키는 것 ⑵ 전위의 운동을 어떠한 방법으로 방해하여 쉽게 움직이지 못하게 하는 것이다.

초강도의 결정(結晶)

전자기계, 콘덴서, 해저 케이블 등이 가끔 분명한 원인 없이 망가져 버리는 일이 2차 세계 대전 중에는 가끔 볼 수 있었다. 학자들은 그 원인 규명에 노력한 결과, 주석이나 카드뮴을 도금한 위치에 철의 아주 얇은 실이나 머리카락을 연상시키는 소결정이 발생하고 이것이 사고의 원인인 것을 알아냈다. 소결정은 그 외형으로 보아 '수염(Wisker)'이라 명명되었다. 사고 대책으로 수염의 생성 조건과 수염 그 자체의 성질을 아는 것이 당연히 필요하게 되었다. 그리고 놀란 것은 이 수염이 금속 학자들이 열심히 찾고 있던 "금속의 전위를 전혀 내포하지 않은 단결정"인 것이 밝혀졌다.

　수염의 존재는 200년 전부터 알려져 있었다. 그러나 학자들은 그것에 무관심했다. 이제야 이 요상한 소결정의 놀랄 만한 성질을 알아냈다. 그 비강도(단위 단면적당 강도)는 통상 금속의 수십 배나 되며 이론 강도에 가장 가까운 것이 되었다. 수염은 전위가 없을 뿐 아니라 그 표면을 몇 만 배로 확대해 보아도 흠을 찾아낼 수 없을 만큼 이상적 평활면을 갖고 있다. 이에 대하여 통상의 금속 표면에는 파괴의 기점이 되는 결함이 수없이 많이 보인다.

　이와 같은 초강도 결정의 창조는 공상 작가들에게 풍부한 상상력을 제공한 것이 되어, 수 킬로미터 높이의 탑이나 큰 해협을 잇는 가교의 설계가 한참 이루어졌다. 그러나 학자들은 이러한 계획에 대해 크게 의문시하고 있다. 그 이유는 전위가 없는 금속의 탄성에 있다. 전위가 없는 금속은 초강도이나, 탄성에서는 통상 금속과 다를 바가 없다는 것이다. 예를 들면 금속제의 얇고 긴 자의 양단에서 압축을 하면 부러지지 않고 구부러진다. 이와 같이 높은 탑이나 긴 교량이 구부러지면 대단히 불안정할 것이다. 전위가 없는 금속에는 이와 같이 건조물에 필요한 탄성이 불충분하다. 그러므로 이것으로 만들어진 터빈 날개는 분명히 강도는 충분하나 탄성 부족 때문에 사용 중에 원심력에 의하여 점점 늘어나 터빈 몸체와 충돌 대형 사고를 일으킬 두려움이 있다.

　그러나 그렇다고 해서 전위가 없는 금속 재료의 응용에 장래성이 없다는 것은 아니다. 공상 작가에 의한 평가가 과대했던 것이다.

　사실상 전위가 없는 결정의 실용화는 예전에 시작되었다. 사

파이어나 그라파이트의 '수염'으로 강화된 내열성 금속의 강도
는 이론 강도의 3분의 1 정도까지 도달하고 있다. 이러한 복합
재료로 가스 터빈의 날개나 로켓의 내열 부품을 만든다. 불행
히도 현재까지 얻어진 '수염'은 극도로 작으며 길이는 15㎜ 이
하 두께는 수 미크론 정도다. 전위가 없는 금속으로 거대한 제
품을 얻는 것은 현대 기술로는 불가능하며 그 방법도 지금은
전혀 알지 못한다.

학자들은 금속의 결정격자 중의 결함의 수를 적게 하는 방법
이 아니고, 그 반대로 그 수를 증가시키는 것으로 금속의 강도
를 높이는 방법을 발견한 것이다.

결함이 금속을 강하게 한다

지금까지 결정격자 중의 여러 결함이 금속의 강도를 저하시
킨다고 해 왔다. 그러나 주의깊게 살펴보면 "그러면 왜 단조
등의 소성 변형을 받은 후—금속내의 결함수가 증가하였을 것인데
—금속의 강도가 증가하는 것일까"라고 생각할 것이 분명하다.

금속의 강도에 관한 것은 그 안의 전위 수가 아니고 그 이동
성인 것이다. 그래서 전위의 운동을 제지하는 결함이 금속을
강하게 하는 것이다. 이와 같이 일견 모순된 현상이 자연계에
서는 자주 발견된다. 예를 들면 치명적인 독물(벌, 독사, 마진족
식물의 독 등)이 극소량이면 많은 병에 대하여 특효약이 되는
것과 유사하다.

전위는 운동 중에 장애물(예를 들면 강 중에 혼입한 물질)에 부
딪히면 정지하든가 그렇지 않으면 이물(異物)의 주위를 우회하
여 운동을 계속한다. 그러나 이 우회를 행하는 데는 전위가 쭉

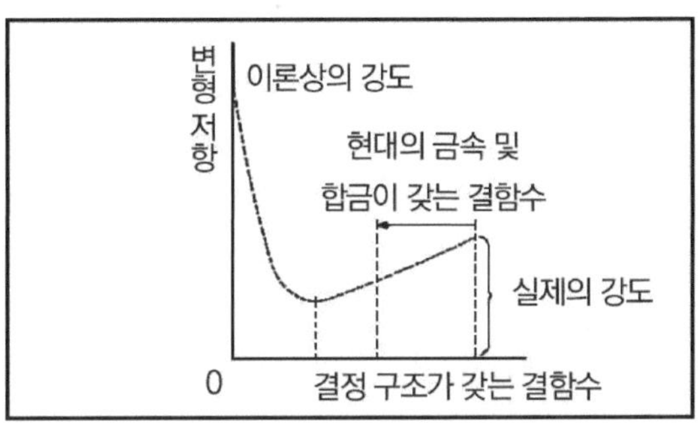

금속의 강도에 미치는 결함의 영향

번어 나가지 못하므로 여분의 에너지를 필요로 한다. 이와 같이 전위의 운동은 각종의 장애에 의하여 저항을 받아 결과적으로 금속을 강화하게 되는 것이다. 또한 전위가 금속 내를 운동할 경우 그것이 단결정이면 표면으로 빠져나와 조그(jog: 원자층의 두께를 갖는 계단)를 형성하지만 강과 같이 다결정체의 경우는 입자 표면에 전위가 나오는 것을 인접한 입자가 강하게 방해한다. 그 저항은 입자(또는 블록)간의 경계에 가까울수록 커진다. 전위는 경계선에 도달하기 전에 정지한다. 뒤에서 온 동일방향의 전위는 앞의 전위보다도 경계에서 떨어진 위치에서 정지한다. 왜냐하면 전위가 접근하므로 격자의 비틀림이 증가하여 운동의 저항이 증가하기 때문이다.

즉, 새로운 경계에서의 거리를 섬섬 넓이면서 정지하게 되지만 금속 내에는 전위의 운동을 정지시키는 경계가 많으면 많을수록 좋다. 그 결과로서 미립 조직의 금속은 조립 조직의 강도보다 크게 된다. 이것은 이미 르노프에 의하여 발견된 사실을 독자들이 기억하는 그대로이다. 금속의 강도에 대한 격자 결함

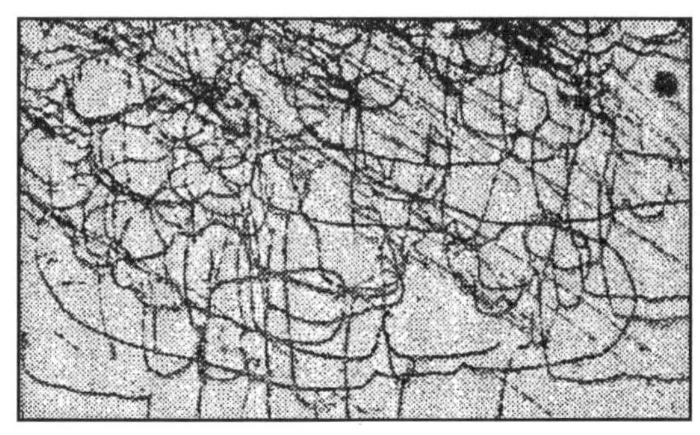

전위는 개재물을 우회하여 간다

의 영향은 위의 그림으로 명백히 설명이 된다.

금속 가공법은 고대에서 현대에 이르기까지 강화의 수단으로 도면의 횡축, 즉 결함수의 증가를 이용해 왔다. 합금화, 단조, 압연, 프레스, 인발, 담금질 등은 전부 결정 내의 전위 밀도를 높이는 방향으로 작용하여 그것이 전위의 운동을 방해함으로 금속이 강화되는 것이다.

학자들의 계산에 의하면 결함수를 증가시키는 방향으로 얻어지는 최고의 강도는 이론상의 강도의 3분의 1 정도라고 한다. 그러나 전위가 대단히 많아지면 그의 균등한 배치가 곤란하게 되고 전위가 집합하여 공격을 만들게 된다.

예를 들면 전위 수가 ㎠ 당 10^{12}~10^{13}까지 증가하면 금속의 강도는 크게 저하한다. 그래서 못을 굽혔다 폈다 하기를 반복하면 처음 몇 회까지는 단단해지나 결국에는 전위가 너무 많아져 균열을 일으켜 부러져 버린다.

이상과 같이 금속을 강화하는 방법에 대하여 여러 가지 논하였다. 그러나 "강도란 무엇을 의미하는가?"에 대하여는 아무것도 논한 바가 없다.

지금 "금속을 제일 강하게 하려면 어떻게 할 것인가?"라는 이주 추상적인 질문이 있다고 하자. 이 문제는 "무엇에 포장하여 운반하면 좋을까?"라는 질문과 같아 바로 대답할 수가 없다. 무엇을 어디에 어떻게 운반하는지에 대한 하는 조건이 전혀 없기 때문이다. 농산물을 멀리 운반할 때, 우유를 이웃 마을에 운반할 때, 아이스크림을 자기집까지 운반할 때에는 각기 용기도 운반 방법도 다를 것이다. 금속의 강도를 말할 때 그 의미는 어느 한편으로는 소성 변형에의 저항이며 한편 파괴에 대한 저항이기도 하다. 또한 마모에 대한 저항, 부식에 대한 저항 외에도 제3, 제4의 조건이 있어 간단히 대답할 수 없다. 우리들이 살펴온 것들은 현 시점에서 강도 개념의 극히 일부에 지나지 않는다. 다른 측면에 관해서는 다음 장에서 논하기로 하자.

지금 강제(鋼製: 강철로 만든 제품)의 일부품의 마모 저항을 높이기 위하여 고주파 담금질(가열원으로 고주파를 이용하는 담금질법. 제품의 표면만이 주로 가열된다)을 행하였다고 하자. 강은 강하게 되었는가? 마모 저항에는 강하게 될 것이다. 반면 취성이 생겨 담금질하기 전에는 견디던 충격에도 부러지기 쉬워진다. 그러면 이것으로 강은 강하게 되었다고 할 수 있는가? 사실, 어떤 측면에서는 약하게 되어 있는 것이다.

지금부터 금속의 강도에 관해 말할 때 그 제품이 어떻게 사용되고 어떠한 외적 작용에 대한 저항이 커야 하는가를 구체적으로 염두에 둘 필요가 있다. 예를 들면 아주 추운 곳에서는 대다수의 강이 소성을 잃고 유리같이 푸석푸석해진다. 그래서 시베리아나 북극 지방의 겨울에는 기계가 급격히 파손되는 경우가 많다. 매년 이로 인하여 러시아가 받는 피해는 수억 루블(RUB)이 된다. 신 5개년 계획 중에도 내한금속—추위에도 소성을 잃지 않는—의 증산이 포함된 것도 그러한 이유에서이다. 그러나 구체적으로 기계나 건조물의 강도를 계산한다는 것은 대단히 어려운 것이다.

어려운 재료 역학과 수수께끼의 스케일 팩터

어떠한 기계나 건조물을 제작하기 전에 그 부품에 대하여 때로는 기계, 구조물 전체에 대하여 강도 시험이 이루어진다. 이 때문에 부품에 일정 또는 반복 하중을 가하든가 압력, 비틀기, 충격 등을 가하여 부품이 파괴되는 한계를 구한다, 이러한 시험에 합격하지 않으면 항공기는 물론 한 대의 기계도 생산할 수 없다. 그러나 몇 만 톤의 선박이나 철교, 대형 터빈, 대형 프레스 등의 강도는 어떻게 시험하는 것일까? 현대의 중기계 공업은 길이 30~35m(10층 건물의 높이와 같음), 직경 1.5~2.0m, 무게로는 수백 톤의 부품을 사용하고 있다.

예를 들면, 크라스노야르스크 수력 발전소의 터빈 축은 직경

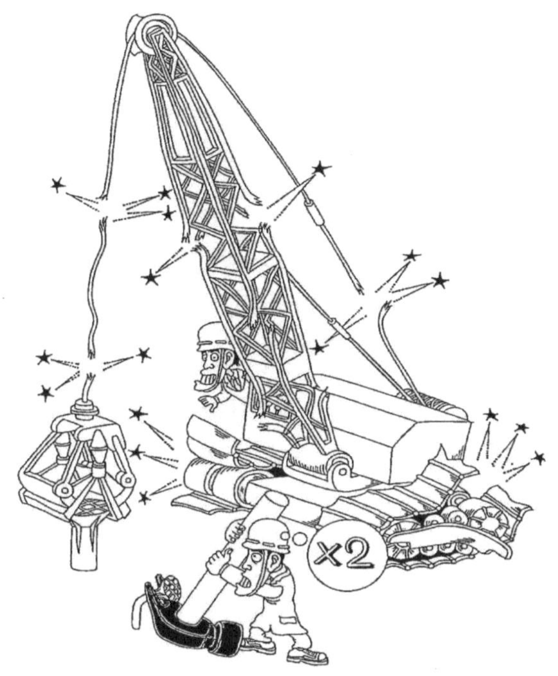

재료역학의 어려움—강도의 여유를 갖지 않는 설계는
파괴를 초래

이 2.3m이다. 이러한 부품들은 실제의 실험을 하지 못한다. 그러나 이 기계가 파괴되었을 때의 피해는 너무나 크고 인명의 희생도 피할 수 없을 것이다. 그래서 기사들은 거대 부품을 우선 정확하게 제작하고 동시에 여기에 10배, 20배의 강도의 여유(안전율)를 주고 있다. 강도의 여유는 구체적으로 부품의 크기 용적을 늘리지 않을 수 없다. 이것은 경제적으로 큰 손실을 초래하게 된다.

　우선 고가의 금속을 보다 많이 사용하고 제작을 위한 많은 노력이 필요하다. 강도의 여유를 충분히 주고 제작된 부품의 내구성은 뛰어나더라도 그 비용은 막대하여 반드시 유리하지는 않다. 또한 중요한 것은 부품의 거대화와 동시에 거기에 스케일 팩터(Scale Factor)가 작용하는 것이다. 공과 대학 학생이면 누구나 '재료역학'의 어려움을 알고 있다. 확실히 재료역학은 어렵지만 아주 중요한 학문으로, 이에 의해 기계와 구조물의 각 부분에 작용하는 응력을 미리 예측할 수 있다. 그러나 가령 이것을 계산했더라도 다음은 어떻게 할 것인가, 교량이나 롤러나 트러스 두께를 적당한 여유(안전율)를 주면서 결정해야 한다. 그러나 재료의 강도에 관한 데이터는 소규모의 인장 시험, 굽힘, 절단, 비틀기 등의 시험 결과를 채용하는 방법밖에 없다.

여기에서 불행히도 스케일 팩터가 작용하는 것이다. 지금 부품의 단면적을 두 배로 했을 때도 결코 두 배의 하중에 견디게 되지 않는다. 부품은 그보다 작은 하중에서 파괴되기 때문에 설계자의 예측이 크게 어긋난다.

이 일은 사실로서 널리 알려져 있다. 그러나 왜 비강도(단위 단면적당 강도)는 부품의 크기를 키울수록 저하하는가에 관하여는 아직 확실히 밝혀지지 않았다.

현재 부품의 시험은 그 부품 자체로 행하는 것이 최선책이다. 예를 들면 단면적 100mm^2의 봉을 파괴하여 보고 그 결과를 갖고 단면적 $1,000\text{mm}^2$, 또는 $10,000\text{mm}^2$의 축의 강도를 추측하는 것은 스케일 팩터의 존재 때문에 무의미하다는 것이다. 그러나 현대의 거대한 부품을 그냥 시험하려 하면 특수하고 특별히 강력한 시험 기계가 필요하게 되어 문제는 새로운 곤란에 봉착하게 된다.

파괴 또한 기술

스웨덴제의 재료 시험기 '암스러'는 1910년대에 벌써 만들어지고 있었다. 암스러의 신형은 팔뚝만 한 강의 환봉을 마치 실가닥같이 찢어버렸다. 그러나 현재는 그것으로도 부족하다. 직경 30㎝의 롤러의 경우는 암스러만로 역부족이며 더욱 강력한 것이 필요하다.

모스크바의 중앙 기계 제작 기술연구소에는 쿠드랴프스에프 교수의 지도하에 세계 최대의 재료 시험기가 설치되어 있다. 여기에서는 직경 40㎝ 재료의 강도를 시험하고 정적 및 동적 하중을 가하여 피로 한계를 계측할 수 있다. 이 시험기는 계획대로 가동되어 대형 디젤 엔진의 크랭크샤프트, 선박용 프로펠러 샤프트, 수만 톤 용량의 대형 프레스 부품 등을 파괴하고 있다. 이 연구소의 재료 강도부는 파괴를 일로 삼고 파괴를 즐기는 이상한 장소 중의 하나이다. 예를 들면 샤프트가 시험 중 부러지면, 잘된 일이다. 이로써 샤프트의 어느 부분을 얼마만큼 강화할 것인가를 알 수 있기 때문이다. 만일 부러지지 않으면 그 또한 잘된 일이다. 그 샤프트는 안심하고 쓸 수 있으니 말이다.

그러나 학자들 미래의 꿈은 거대한 기계나, 건물의 실물을 파괴하지 않고 그 강도를 계산할 수 있는 공식을 빨리 구하는 일이다.

일본의 교량 건설자는 철교의 내진성의 조사에 로켓을 사용했다. 강제 지주에 고정된 로켓이 시동하면 철교의 모든 부분에 설치된 계기가 구조물의 진동을 기록한다. 일본의 전문가들은 이런 방법으로 철교의 진동에 대한 공식을 도출 안전율의 계산에 이것을 이용하는 것을 기대하고 있다.

앞에서 논한 바와 같이 기계, 구조물의 강도에 관한 연구는 점점 새로운 문제점에 봉착하고 있다. 그러나 많은 연구자들은 강도를 알기 위하여, 제품 자체를 파괴하지 않고서도 알게 되는 시대가 반드시 온다는 것을 믿고 있다. 그 때가 되면 실물의 10분의 1, 또는 100분의 1의 모형으로 시험하면 될 것이다.

현대의 금속 물리학과 금속 화학은 초강도의 금속 재료를 찾아서 '비밀의 문'을 열 수 있는 황금 열쇠인 것이다. 학자들은 금속의 구조를 지배하고 최고의 구조를 얻음으로써 가까운 장래에 그 강도를 3배 또는 5배까지 높일 수 있다고 기대하고 있다.

2장
이론을 잠깐

금속이란 무엇인가

이 책의 저자들은 본서에서 기술이 복잡한 이론이나 가설의 밀림에 파묻혀 버리지 않도록 노력할 생각이다. 그러나 최소한 현대의 금속 이론—고체물리 및 양자 물리학의 기본—에 대하여 논하지 않으면 내용이 불충분하게 될 것 같다.

최근 40~50년 사이에 우리들이 사용하는 강이나 합금류의 강도는 6~7배로 증가하였다. 이것이 아니었으면 우주선이나 초음속기, 원자력 잠수함뿐만 아니라 자동차도 제작하지 못했을 것이다.

20세기 초, 항공기 엔진의 중량은 1마력당 250kg 이상이었다. 재료가 강화된 덕분에 오늘날 마력당 1kg, 즉 250분의 1로 가벼워졌다. 그러나 기술의 진보에는 종점이 없다. 현대의 엔지니어들은 다시 강하고 고온이나 극저온에도 견디며 부식에도 강하고, 원자로의 방사능에도 손상되지 않는 여러 가지의 재료를 요구하고 있다. 이러한 요구에 응하려면 현재의 설계자들이 기계나 건축물의 도면을 작성하는 것과 마찬가지로 자신을 갖고 미래의 재료를 설계할 필요가 있다. 그 길을 현대의 금속 과학이 목표로 하고 있는 것이다.

그러면 금속이란 무엇이고, 그 특성이란 무엇인가? "금속이란 단조할 수 있고 광택이 있는 물체를 말한다"라고 미하일 로모노소프는 그의 저서 『야금, 광산업 입문』에서 논하고 있다. 이

책은 러시아 최초의 광산학 교과서로 200년 전에 발간하였다. 러시아의 엔지니어들은 수대에 걸쳐 이 교과서로 교육을 받았다. 그러나 당시에는 옳았던 로모노소프의 정의도 오늘날에는 만족스럽지 못하게 되어 가고 있다. 금속의 여러 성질, 예를 들면 자성, 전기 전도도, 결정 구조 등은 당시 연구되지 않았고 모르는 것들도 많았다.

로모노소프는 금, 은, 구리, 주석, 철, 납 등 전부 6종의 금속을 들고 있으나 오늘날에는 약 80종의 금속이 알려져 있다. 이 수는 멘델레예프(Mendeleev) 주기율표의 5분의 4를 차지한다. 어째서 그렇게 많은가? 금속의 성질은 어떻게 정해지는가? 그 외 많은 의문에 답할 수 있게 된 것은 겨우 20세기에 들어와서이다.

대다수의 금속 원자는 그 최외(最外) 전자각(電子殼), 소위 외

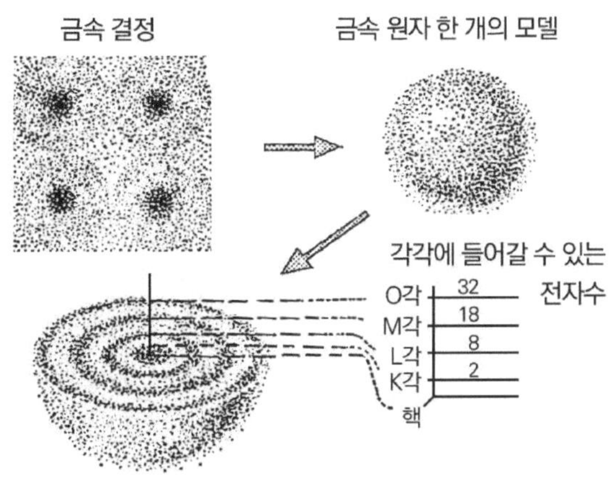

원자각 구조 모델

부 에너지 준위에 비교적 소수의 전자(1, 2, 3개)를 갖고 있다.

가장 안정된 최외 전자각을 갖고 있는 것은 불활성 기체이며, 헬륨은 두 개이나 그 외는 8개의 전자를 갖고 있다. 모든 원소는 화학 반응의 결과, 불활성 기체와 같이 최외각에 8개의 전자를 가지려고 한다. 이것을 실현하려면 두 가지 방법이 있다. 그 하나는 외부 궤도의 전자를 전부 방출하여 그 밑의 전자를 노출시키는 방법이고, 또 하나는 딴 곳에서 전자를 외부 궤도에 끌어당겨서 같은(8개의) 구조를 만드는 것이다. 최외각에 소수의 전자 밖에 없는 금속에서는 전자를 방출하는 방법이 용이하며 이미 4개 이상의 전자를 최외각에 갖고 있는 비금속 원소에서는 외부에서 전자를 취하는 것이 용이하다.

그러나 주석과 납은 최외각에 4개, 안티모니와 비스무트에는 5개 폴로늄은 6개의 전자를 갖고 있다. 그런데도 이들은 비금속이 아니고 모두 훌륭한 금속이다.

〈표 2-1〉 멘델레예프 주기율표

족 \ 주기	I a	I b	II a	II b	III a	III b	IV a	IV b	V a	V b	VI a	VI b	VII a	VII b	VIII	0
1	1 H															2He
2	3 Li		4 Be			5 B		6 C		7 N		8 O		9 F		10Ne
3	11 Na		12 Mg			13 Al		14 Si		15 P		16 S		17 Cl		18Ar
4	19 K	29 Cu	20 Ca	30 Zn	21·Sc	31 Ga	22 Ti	32 Ge	23 V	33 As	24 Cr	34 Se	25 Mn	35 Br	26 Fe 27 Co 28 Ni	36Kr
5	37 Rb	47 Ag	38 Sr	48 Cd	39 Y	49 In	40 Zr	50 Sn	41 Nb	51 Sb	42 Mo	52 Te	43 Tc	53 I	44 Ru 45 Rh 46 Pd	54Xe
6	55 Cs	9 Au	56 Ba	80 Hg	57~71 란타노이드	81 Tl	72 Hf	82 Pb	73 Ta	83 Bi	74 W	84 Po	75 Re	85 At	76 Os 77 Ir 78 Pt	86Rn
7	87 Fr		88 Ra		89~103 악티노이드											

57~71 란타노이드	57 La 138.905	58 Ce 140.12	59 Pr 140.9077	60 Nd 144.2	61 Pm —	62 Sm 150.4	63Eu 151.96	64 Gd 157.2	65Tb 158.9254	66 Dy 162.5	67 Ho 164.9303	68 Er 167.2	69 Tm 168.9342	70 Yb 173.0	71 Lu 174.97

89~103 악티노이드	89 Ac —	90 Th 232.0381	91 Pa 231.0359	92 U 238.029	93 Np 237.0482	94 Pu —	95 Am —	96 Cm —	97 Bk —	98 Cf —	99 Es —	100 Fm —	101 Md —	102 No —	103 Lr —

원자기호 밑의 원자량의 값은 마지막 자리수의 ±1의 범위에서 불확정함

왜 그렇게 되는 것일까? 화학적 견지에서 보면 원자가 금속적이면 금속적일수록 쉽게 최외각의 전자를 방출한다. 그것은 전자의 수에만 의할 뿐 아니라 원자 자신의 크기에도 의한다. 원자가 크게 되면 핵에서 먼 외부 궤도의 전자가 중심을 향하여 끌리는 강도는 작아진다.

최외각에서 전자 한 개를 떼어내는 데 필요한 에너지를 이온화 퍼텐셜이라 한다. 이것이 제일 작은 것이 프랑슘으로 최외궤도에 전자 하나만을 갖고 있다. 그래서 프랑슘은 전 원소 중에서 가장 금속적인 물체이다.

이온화 퍼텐셜이 최대인 것은 플루오린으로서 가장 비금속적인 물체이다. 플루오린의 원자는 작고 전자의 에너지 준위는 둘 뿐이며 최외각의 전자는 7개가 있다. 이것은 완벽한 상태인 8개에서 한 개가 부족하다. 그래서 플루오린은 부족한 전자 한 개를 모든 원소에서 필사적으로 취득하려 하게 된다.

앞에서 말한 주석, 납, 안티모니, 비스무트, 폴로늄 등은 핵과 최외 전자각이 상당히 떨어져 있어서 그 이온화 퍼텐셜이 그리 크지 않다. 그래서 외부 궤도의 전자수가 큼에도 불구하고 이들 원소는 금속적 성질을 갖고 있다.

1969년은 멘델레예프가 가장 기초적인 자연법칙의 하나인 주기율을 발견한 지 100년이 되는 해었디. 이 주기율이 발견됨으로써 화학은 개개의 원소와 화합물에 관한 이런 저런 지식의 모음에서 탈피하여 본격적인 과학으로 발전된 것이다. 주기율을 씀으로써 이미 알려진 원소의 성질을 설명하였을 뿐만 아니라 미지의 원소나 화합물의 성질을 예언하는 것도 가능하게 되었다. 앞의 주기율표를 보기 바란다. 여기에서 어떤 원소라도 그 전자 구조를 쉽게 알 수 있다. 표 중의 원소 기호에 붙인 순서(원자 번호)는 숫자상 원자핵의 정전하의 수와 같으며, 주기(표 좌단의 숫자)는 원자핵의 주위에 전자각 이 몇 층인가를 나타내며, 족(族)(표 상부의 숫자)은 화학 반응에 참가하는 전자의 수를 나타낸다.

〈표 2-2〉 중 각 구획 중에 표시된 숫자의 열은 각 에너지 준위에 있는 전자의 수를 나타낸다. 즉, 열(列)의 제일 왼쪽 원자핵에 가장 가까운 전자각에 존재하는 전자의 수이며, 왼쪽에서 순서대로 각 층에 존재하는 전자의 수를 의미한다.

양자 역학의 법칙에 의하면, 각 전자각에 존재할 수 있는 전자의 수는 엄밀히 정해져 있어, 원자핵에 가까운 측부터 2개, 8개, 18개, 32개…로 되어 있다. 이 법칙에 의하면 전자각의 안쪽부터의 순번을 n이라 하면 각각에 존재할 수 있는 전자의 수는 $2 \times n^2$과 같다. 어떤 원소의 전자 구조는 원자 번호가 하나 앞 원소의 전자 구조를 그 안에 포함하고 있다.

다음으로 원소의 전자각이 어떻게 만들어지는지 살펴보자. 주기율표의 제2, 제3에선 그 최외측의 층의 전자가 점점 증가하여 간다. 그래서 한 개의 층이 차면 다음 외측의 전자각이 형성을 시작한다. 각에 새로이 한 개의 전자가 들어가면, 원소의 성질이 변한다. 그 결과 산소는 질소와 판이하게 되며 염소와 유황은 전혀 그 성질이 다르게 된다. 최외각에 전자가 증가함에 따라 원소의 비금속적 성질이 강해진다.

그러나 제4주기에 들어가면 위에서 논한 양상이 크게 변화한다. 원자핵에서부터 세 번째 층까지는 이미 전자가 18개 들어갈 수 있으나 칼륨은 이것을 전부 채우기 전에 4번째 층부터 먼저 채우기 시작한다. 즉 제 4층에 한 개의 전자가 들어간다. 그러나 스칸듐 이후의 원소가 되면 제3층이 미완성인 것을 깨닫고 다시 이 층에 전자를 채우기 시작한다. 예를 들면 타이타늄은 제 3층의 전자수가 10, 바나듐은 11개가가 된다. 스칸듐부터   아연까지의 원소는 전부 최외각의 전자수가 두 개 이내로 되어 있어 금속적 성질을 갖고 있다.

　이와 같이 외각에서 두 번째의 각은 최외각에 비하여 아주 약하며 이것 또한 전자를 방출하여 화학 반응에 참여한다. 예를 들면 망가니즈는 통상 2가이나, 그 외에도 3가, 6가, 또한 7가로 될 수 있는 것은 이 때문이다. 다음의 각 주기에서는 전자각의 층이 늘어간다.

　〈표 2-2〉를 잘 보면 새로이 증가한 전자는 주 주기에서는 최외각을 만들어 나가나, 부 주기에서는 외측에서 두 번째의

〈표 2-2〉

원자번호	원소	K (s)	L (s p)	M (s p d)	N (s p d f)	O (s p d f)	P (s p d f)	Q (s p d f)
54	Xe	2	2 6	2 6 10	2 6 10	2 6		
55	Cs	2	2 6	2 6 10	2 6 10 ..	2 6	1	
56	Ba	2	2 6	2 6 10	2 6 10 ..	2 6	2	
57	La	2	2 6	2 6 10	2 6 10 ..	2 6 1 ..	2	
58	Ce	2	2 6	2 6 10	2 6 10 2*	2 6	2	
59	Pr	2	2 6	2 6 10	2 6 10 3	2 6	2	
60	Nd	2	2 6	2 6 10	2 6 10 4	2 6	2	
61	Pm	2	2 6	2 6 10	2 6 10 5	2 6	2	
62	Sm	2	2 6	2 6 10	2 6 10 6	2 6	2	
63	Eu	2	2 6	2 6 10	2 6 10 7	2 6	2	
64	Gd	2	2 6	2 6 10	2 6 10 7	2 6 1 ..	2	
65	Tb	2	2 6	2 6 10	2 6 10 9*	2 6	2	
66	Dy	2	2 6	2 6 10	2 6 10 10	2 6	2	
67	Ho	2	2 6	2 6 10	2 6 10 11	2 6	2	
68	Er	2	2 6	2 6 10	2 6 10 12	2 6	2	
69	Tm	2	2 6	2 6 10	2 6 10 13	2 6	2	
70	Yb	2	2 6	2 6 10	2 6 10 14	2 6	2	
71	Lu	2	2 6	2 6 10	2 6 10 14	2 6 1 ..	2	
72	Hf	2	2 6	2 6 10	2 6 10 14	2 6 2 ..	2	
73	Ta	2	2 6	2 6 10	2 6 10 14	2 6 3 ..	2	
74	W	2	2 6	2 6 10	2 6 10 14	2 6 4 ..	2	
75	Re	2	2 6	2 6 10	2 6 10 14	2 6 5 ..	2	
76	Os	2	2 6	2 6 10	2 6 10 14	2 6 6 ..	2	
77	Ir	2	2 6	2 6 10	2 6 10 14	2 6 9* ..	0	
78	Pt	2	2 6	2 6 10	2 6 10 14	2 6 9 ..	1	
79	Au	2	2 6	2 6 10	2 6 10 14	2 6 10 ..	1	
80	Hg	2	2 6	2 6 10	2 6 10 14	2 6 10 ..	2	
81	Tl	2	2 6	2 6 10	2 6 10 14	2 6 10 ..	2 1	
82	Pb	2	2 6	2 6 10	2 6 10 14	2 6 10 ..	2 2	
83	Bi	2	2 6	2 6 10	2 6 10 14	2 6 10 ..	2 3	
84	Po	2	2 6	2 6 10	2 6 10 14	2 6 10 ..	2 4	
85	At	2	2 6	2 6 10	2 6 10 14	2 6 10 ..	2 5	
86	Rn	2	2 6	2 6 10	2 6 10 14	2 6 10 ..	2 6	
87	Fr	2	2 6	2 6 10	2 6 10 14	2 6 10 ..	2 6.. ..	1
88	Ra	2	2 6	2 6 10	2 6 10 14	2 6 10 ..	2 6.. ..	2
89	Ac	2	2 6	2 6 10	2 6 10 14	2 6 10 ..	2 6 1 ..	2
90	Th	2	2 6	2 6 10	2 6 10 14	2 6 10 ..	2 6 2 .	2
91	Pa	2	2 6	2 6 10	2 6 10 14	2 6 10 2*	2 6 1 .	2
92	U	2	2 6	2 6 10	2 6 10 14	2 6 10 3	2 6 1 ..	2
93	Np	2	2 6	2 6 10	2 6 10 14	2 6 10 4	2 6 1 ..	2
94	Pu	2	2 6	2 6 10	2 6 10 14	2 6 10 6	2 6.. ..	2
95	Am	2	2 6	2 6 10	2 6 10 14	2 6 10 7	2 6.. ..	2
96	Cm	2	2 6	2 6 10	2 6 10 14	2 6 10 7	2 6 1 ..	2
97	Bk	2	2 6	2 6 10	2 6 10 14	2 6 10 8	2 6 1 ..	2
98	Cf	2	2 6	2 6 10	2 6 10 14	2 6 10 10	2 6.. ..	2
99	Es	2	2 6	2 6 10	2 6 10 14	2 6 10 11	2 6.. ..	2
100	Fm	2	2 6	2 6 10	2 6 10 14	2 6 10 12	2 6.. ..	2
101	Md	2	2 6	2 6 10	2 6 10 14	2 6 10 13	2 6	2

층을 만들며, 희토류 원소(란타넘족)나 초우라늄 원소(악티노이드)
가 되면 외측에서 세 번째의 층을 형성하는 것을 알 수 있다.

원자핵 주위의 전자층은 그 수가 증가함에 따라서 상호의 에
너지 차가 점점 작아진다. 따라서 최외각뿐만 아니라 외측에서
두 번째, 세 번째의 각에 있는 전자라도 화학 반응에 관여하여
가전자가 될 수가 있다.

란타넘족의 예를 들면 최외각(내측부터 6번째)에 있는 두 개의
전자, 외각부터 두 번째(내측부터 5번째)의 층에 있는 전자 한
개 및 외각부터 3번째(내측부터 4번째)의 층에 있는 전자 한 개
가 가(價)전자로서 반응에 관여할 수 있다. 그래서 란타넘은 일
반적으로 3가(價)이나 일부의 원소는 4가를 취하는 것도 있다.

악티노이드가 되면 최외층(내측에서부터 7번째)에 있는 전자
두 개와, 외부에서 두 번째 층에 있는 전자 한 개, 또한 외부
에서 세 번째 층에 포함한 전자 세 개도 가전자가 된다. 그래
서 악티늄은 최대 6가를 취할 수가 있다.

이상 우리들은 금속의 원자 구조를 아주 개략적으로 배운 것
이 된다. 그러나 이 정도의 지식으로는 금속의 본질을 이해하
는 데는 아직도 부족하다.

원자의 집단화

고체는 원칙적으로 결정 구조를 갖고 있다. 단순한 비금속
고체는 규소 또는 탄소와 같이 원자로 구성되나 인, 유황과 같
이 분자로 되는 것도 있다. 식염과 같은 화합물은 나트륨과 염
소의 이온으로 되어 있다.

금속에도 독자의 결정격자가 있다. 여기에서는 각 격자점상

에 금속의 양전하(이온)가 위치하고 있고, 그 주위를 자유 전자가 둘러싸고 있다. 각각의 이온은 한 순간 전자를 잡아 금속 원자가 되고 또 한 순간은 전자를 놓고 이온으로 돌아간다. 이 모양은 마치도 이온이 상호 전자를 교환하고 있는 것 같이 상상해도 좋다.

전자는 극히 큰 속도(1초에 20,000km)로 운동하고 있으며 위에서 말한 것 같은 전자 교환은 아주 빨리 이루어진다. 상온에서 전자의 속도는 예를 들면 한쪽 변의 길이가 1cm의 정육면체의 주위를 일초에 20억 회 돌 수 있는 속도가 된다. 이 정육면체 내에는 자유 전자가 약 10^{23}(0이 23개 붙는 수)개나 존재한다. 그래서 자유 전자는 금속 중에 매우 균등하게 배치되어 있다고 보아도 좋다. 격자점의 이온의 둘레를 고속의 자유 전자가 회전하는 이 상황을 '전자 액체' 또는 '전자가스'라고 표현하고 있으나, 이 상황이야말로 금속의 특별한 성질을 결정하고 있는 것이다.

예를 들면 이온이 상대적으로 일정한 거리를 갖고 이동하는 한 이온과 전자 간의 관계는 유지된다(이온이 '전자가스'의 안을 이동하는 것과 같다). 이 결과 금속은 소성을 갖고 파괴되지 않고, 자기의 모양을 바꿀 수 있다.

내외의 많은 학자들에 의하여 금속의 득성인 진기나 열의 전도성, 기계적 강도와 가소성, 은색의 광택, 광이나 전파의 반사 특성 등은 모두가 이 '전자가스'에 의한 것이라는 사실이 밝혀졌다.

전압은 '전자가스'에 걸린 압력차와 같고, 그것을 일정한 방향으로 흐르게 한다. 결과로서 금속은 전기를 잘 흐르게 한다.

그 전기 전도도는 실제로 자유 전자를 갖고 있지 않는 비금속보다 $10^{20} \sim 10^{25}$배 더 높다. '전자가스'는 또한 열의 이동에도 참가한다. 따라서 금속의 열전도율은 격자 위치에서의 이온(또는 전자)의 열 진동에 의해서만 열을 전달하는 비금속의 경우와 비교하여 1,000배나 크다. 또한 금속의 전도율(전기 전도도 또한 같지만)은 온도와 같이 증가한다. 그것은 열에 의하여 자유 전자가 증가하기 때문이다.

반도체의 경우 저온에서는 자유 전자가 거의 존재하지 않는다. 따라서 반도체는 전형적인 비금속과 같이 행동한다. 그러나 열이나 광 등의 자극을 받으면 반도체의 외각 전자는 원자핵에서 분리되어 자유 전자가 되어 전기 전도도는 몇 배로 높아진다.

통상의 기체를 보면 대다수의 분자(원자)는 어떤 평균치에 가까운 속도로 운동하고 있으며 극도로 큰(또는 작은) 속도의 것은 아주 소수이다. 그러나 '전자가스'의 경우는 이것이 맞지 않는다.

원자 내에서는 어떠한 전자 두 개를 취해도 서로 동일하게 운동하는 것이 금지되어 있다(파울리의 배타 원리). 이것이 마이크로 세계에 군림하고 있는 양자 역학의 법칙인 것이다. '모두가 평등히' 등 속세의 건전한 사상과는 너무나도 맞지 않아, 이 마이크로 세계의 일은 '이상한 나라'로 불린다. 금속 내의 전자는 핵의 주위에 불확실한 상태이지만 이러한 법칙에 따라 엄밀히 일정한 에너지 준위를 갖고 배치되어 있다.

보통의 기체가 가열되면 기체 분자 전반의 평균 속도가 증가한다. 그것은 가열에 의하여 추가된 에너지가 전 기체에 분배되기 때문이다. 이 점에서도 '전자가스'는 전혀 다른 성질을 나타낸다. 원자핵을 둘러싼 전자각에는 최하위부터 시작하여 규정된 모든 에너지 준위를 채우면서, 전자가 충만 되어 있다. 지금 여기에 에너지를 가했다고 하더라도 하위의 에너지 준위에 있는 전자는 상위에 있는 에너지 준위가 이미 꽉 차 있어서 자기의 속도를 증가시켜 에너지를 받을 수는 없다.

결국 외부의 에너지를 받을 수 있는 것은 그 자신이 상당히 상위에 있으며, 또한 그 위의 에너지 준위에는 공석이 있는 소수의 전자에 한한다. 금속 중의 전류도 열의 경우와 같이 선정된 몇 개의 전자에 의하여 운반된다. 이 전자들은 전위차에 의하여 용이하게 속도를 증가하고 전하를 운반하여 전류를 발생시킨다.

가장 현대적인 회답

현대의 금속 이론으로 큰 의미를 갖는 것은 페르미면(Fermi Surface)의 개념이다. 저명한 물리학자 존 사이만이 적절히 말한 바와 같이 페르미면의 모형은 어떤 종류의 추상조각 작품을 닮은 데가 있다. 그러나 추상조각의 제작은 그렇게 복잡하지 않은 데 반하여 페르미면의 모형을 만드는 데는 극히 정밀한 물리 계측이 필요하다. 페르미면의 결정에는 막대한 손질이 필요하기 때문에 이 모형은 한정된 금속에만 만들어져 있다.

페르미면이란 무엇인가? 그것은 실제의 물리 공간에 존재하는 면은 아니고, 금속 중의 진자의 운동 상태를 나타내는 극히 편리한 수학적 표현이다. 그래서 지구상에는 지도에 그려진 경도선이나 위도선이 존재하지 않는 것과 같이 현실에는 그러한 면이 존재하지 않는다.

지리학자들은 경도, 위도의 좌표로써 지구상의 위치를 기술

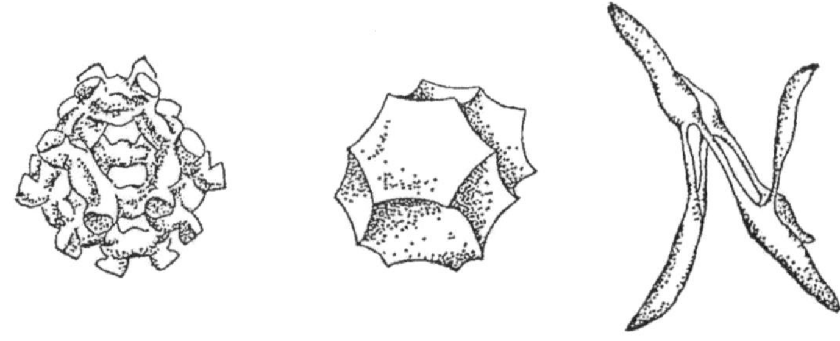

각종 금속의 페르미면 모형

하나 경험 있는 고체 물리학자는 페르미면을 써서 그 금속의 성질이나, 어떤 외적 조건하에서의 상태를 상세히 기술할 수 있다. 페르미면이 결정되면 그 금속이 어떠한 성질을 가질 것인가 합금화함으로써 성질이 어떻게 변화하는가를 대략 예측할 수 있다.

그래서 최초의 질문 "금속이란 무엇인가"에 대한 금속의 본질을 잘 나타내고 가장 현대적이며 과학적인 답은 "금속, 그것은 페르미면을 갖는 고체이다"가 된다.

페르미면의 위치를 이해하려면 계란을 생각하면 좋다. 계란의 알맹이는 아주 큰 에너지를 갖는 전자군으로 그 알맹이까지는 어떠한 물리적 수단을 써도 영향을 미칠 수가 없다. 그리고 그 껍질은 그 상위에 에너지 준위의 공석을 갖는 자유 전자의 얇은 층을 나타내고 있다. 예를 들면 이 계란 껍질이 페르미면이다. 이 자유 전자만이 열이나 전기의 전도, 광의 반사, 음의 흡수 등에 참가하여 금속의 물리적 성질을 결정하는 것이다.

현재로서는 페르미면을 결정하기 위한 이론 및 실험 방법이 개발되어 측정된 페르미면의 모양과 크기는 그 금속의 결정형과 원자간 결합의 성질에 의하여 크게 변화하고 있다.

앞 페이지의 그림은 그 일례를 보여 준 것이다. 면심입방격자*를 갖는 1가(一價)의 금속, 예를 들면 구리(금과 은도 같음)의 페르미면은 비교적 단순해 앞에 보는 바와 같이 인접원자의 방향에 작은 돌기를 갖는 구형이다. 이러한 페르미면을 갖는 원소는 금속적으로 소성이 있고 열과 전기를 잘 전달한다. 다가(多價) 금속[예를 들면 나이오븀, 몰리브데넘, 텅스텐, 크로뮴 등 2가(二價) 이상]의 페르미면은 극히 복잡한 형상을 갖고 여러 방향으로 분포하고 있다.

페르미면의 지식은 금속의 전기, 열의 전도성, 소성, 탄성, 광학적 및 기타의 물리학적 성질을 설명할 수 있으며, 원칙적으로 이들에 대해 예측할 수 있는 가능성을 준다. 그러나 현 시점에서 그것은 페르미면에 대해 말할 수 있는 아주 간단한 것이며, 다가 금속은 물론 그 합금이나 화합물이 되면 페르미면의 연구는 실로 곤란한 것이다.

그러나 우리들의 견지에서 보면 금속과 합금의 전자 구조에 관한 문제는 극히 중요한 과학의 첨단에 위치한다. 금속 물리학이 이 점에 대하여 새롭게 깊이 규명이 되면 금속의 본질을 이해하고, 목적의 성질을 갖춘 금속 재료를 만들기 위한 이론석인 기초가 확립될 것임이 틀림없다.

이상의 논술에서 밝힌 것 깉이 우리들이 취급하는 금속 재료

---

* 육면체의 여덟 개 꼭짓점과 여섯 개 면의 중심에 격자점을 갖는 단위격자로 이루어진 공간격자. 이 정육면체의 모서리 길이가 격자 정수가 되는데, 면심입방격자의 결정격자를 갖는 물질은 구리, 금, 니켈, 알루미늄 따위가 있다.

의 성질(예를 들면 강도)은 다음의 3개의 요인을 합한 것으로 상정된다. 즉 최대의 요인은 그 전자 구조이다. 다음은 결정격자에 있는 불순물과 결함의 영향이며, 마지막으로 금속 재료가 사용되는 조건, 예를 들면 온도, 압력, 주위의 매체(대기, 수분 등)와의 상호 작용이다.

3장
고순도의 금속

왜 고순도가 필요한가

"혹성의 지하에 근대적인 공장이 만들어졌다. 작업실은 비활성 기체의 인공 대기가 채워져 있고 사람들은 우주복을 입고 작업을 하고 있다……."

이것은 미래의 달 세계가 아니고 지구상에서 활동하고 있는 초고순도 금속과 반도체를 생산하는 공장의 일부이다.

초고순도의 금속을 최초로 요구한 것은 원자력 공업이다. 여기에 사용되는 우라늄, 토륨, 베릴륨, 흑연 등에는 1만분의 1%, 때로는 수백만 분의 1%의 불순물을 포함하는 것조차도 허용하지 않을 때가 있다. 핵분열 반응은 순수한 우라늄 내에서만 진행한다. 그 우라늄 내에는 타원소를 포함하지 않음은 물론 동위 원소도 제거하여야 한다.

동위 원소란 화학적 성질은 동일하나 질량이 다른 일군의 원소를 지칭한다. 예를 들면, 어떤 원소의 동위체의 원자핵에는 동일수의 양자가 포함되어 화학적 성질에 있어서는 완전히 같으나 중성자의 수가 달라 원자핵의 중량이 약간씩 다르다. 따라서 물리적 성질이 약간 다르다. 동위 원소라는 이름은 그것이 전부 천연으로 존재하는 동위체의 평균치로서 대표하고 있기 때문이다. 그리스어의 이소(같은, 동등한)와 도보스(장소)를 합해서 만들어졌다. 핵분열 반응을 위해서는 원자량 235의 순수

한 우라늄이 일정량 필요하나 그것은 천연 우라늄 중에는 불과 0.714%만이 포함되어 있다. 그래서 초기의 원자 폭탄 제조에는 화학적으로 순수할 뿐 아니라 동위체로서도 고순도의(우라늄 238 등을 포함하지 않는) 우라늄 235를 얻는 것이 제일 큰 문제였다.

원자력 분야 다음으로 순도를 문제로 한 것은 제트 엔진 등에 사용되는 내열성 합금이다. 순도에 관하여 최대의 문제는 최근 반도체 재료의 생산에서 일어났다. 많은 반도체 재료에서 불순물량이 10억분의 1을 넘어서는 안 된다. 10억 개의 원자 중 하나라도 있어야 할 위치를 벗어나면 80%까지가 불합격이 된다. 정확한 신뢰성이 있는 반도체를 만드는 데는 1조 개(10^{12})의 원자에 불과 한 개의 불순물 원자가 있을 때까지 정제하는 것이 필요하다.

일반적으로 재료의 순도를 다음과 같이 분류한다. 공업적 순도 99.9% 이하, 화학적 순도 99.9~99.99%, 초고순도 99.999% 이상. 관용적인 순도의 표시 방법으로 상술한 9의 수를 세어 쓰리나인(99.9)이나, 파이브나인(99.999)으로 표하는 방법도 있다.

이상과 같이 목적 물질의 순도뿐만 아니라 어떤 사용 목적에 특히 유해한 불순물 양을 문제로 할 때도 있다. 예를 들면 원자 연료용 우라늄은 플루오린, 리튬, 카드뮴이 0.0001% 이하가 되도록 정제하지 않으면 안 된다. 그러나 그 외의 무해한 불순물이면 1,000배 이상 포함해도 상관이 없다.

반도체용 규소 중에는 플루오린을 100억 분의 1 정도로 제거하는 것이 플루오린보다는 많이 포함된 저마늄을 제거하는 것보다 중요하다.

이와 같이 각 금속에는 아주 유해한 불순물 말하자면 '공적 제1호'가 있다. 예를 들면 나이오븀, 란타넘, 레늄에 대한 산소, 크로뮴에 대한 질소, 바나듐과 타이타늄에 대한 수소, 텅스텐이나 몰리브데넘에 대하여는 탄소, 또한 우라늄에서는 가돌리늄과 유로퓸이 흉악범이 된다.

유익한 오염

불순물은 유해하다고만 할 수는 없다. 어떤 때는 대단히 유익할 때도 있다. 우리들은 철에 텅스텐, 크로뮴, 망가니즈, 바나듐 그 외에 여러 가지 원소를 첨가하여 필요한 성질의 강을 만들고 있지 않은가?

그러나 불순물을 갖고 금속의 성질을 조절하는 데는 엄밀히 계산한 양의 불순물을 첨가하여야 한다.

그 때문에도 고순도의 재료가 필요한 것이다. 예를 들면 반도체 저마늄을 만들 때는 우선 그 안의 비소 원자를 저마늄 원자수의 10억분의 1 정도로 될 때까지 정제한 후 다시 비소를 엄밀히 계산한 일정량(1억분의 1정도)이 되도록 첨가한다. 그리고 이 첨가는 저마늄 결정의 정해진 위치(두께는 수천분의 1㎜)에 한하여 한다.

이와 같이 하여 반도체에 비소, 붕소, 알루미늄, 인 등의 불순물을 정해진 위치에 계산된 농도로 첨가하면 소위 말하는 집적 회로가 만들어진다. 집적 회로란 지금까지의 트랜지스터, 다이오드, 콘덴서, 저항 등 전자 부품의 각각의 기능을 한 개의 반도체 소결정 위에 여러 개를 만드는 것이며 예를 들면 라디오의 성능을 갖고 있는 것이다. 집적 회로의 크기는 지금까지의 부품 한 개의 크기보다 작으며 그 안에는 부품 수백 개에 해당하는 기능이 조립되어 있다.

초고순도 금속의 성질

물질의 참 성질은 초고순도에서만 나타난다.

예를 들면 우라늄의 융점을 보면, 오래토록 1,850℃ 정도로 알고 있었다. 그러나 이것은 순도가 낮아서 그러한 것이고, 정제 기술이 진보함에 따라 융점이 저하했다. 따라서 1925년(1,850℃), 1932년(1,650℃), 1935년(1,400℃), 1956년(1,130℃)으로 되어 700℃ 가까이까지 저하한다.

또 하나의 예를 들자. 타이타늄은 1910년 불과 몇 그램의 금속이 얻어졌다. 당시 실행한 시험 결과에 의해서 타이타늄은 단단하고 푸석하여 가공 곤란한 금속이라고 오랫동안 믿고 있

금속의 푸석함(저온에서)은 모두가 불순물 때문인가

었다.

그래서 그 용도는 특수강에의 첨가물과 산화물로서 화장품용으로 사용되는 정도였다. 그러나 금속을 단단하고 푸석하게 한 것은 불순물이었으며 금속 그 자체는 소성도 강도도 충분히 있다는 것을 안 다음 타이타늄은 항공기용으로 불가결의 금속으로 개발되었다.

이와 같이 단단하고 가공 불가능이라는 평가를 길게 끌어온 금속으로 크로뮴, 텅스텐, 비스무트, 지르코늄 등을 들 수 있다. 이것들은 모두 순도만 높이면 저온에서도 소성을 갖고 내식성 등 귀중한 성질을 발휘한다. 정제 기술의 진보가 이들에게 '제2의 발견'을 가져왔고, 현대 공업에 폭넓게 채용된 것이다.

'초고순도의 철'은 공업적 순철과는 전혀 다른 성질을 갖는다. 공업적 순철은 통상의 강과 같으며, 영하 40℃ 이하에서는 푸석해져서 균열을 일으키기 쉽다. 그러나 초고순도철(탄소 및 산소의 함량 각 각 0.015% 이하)이 되면, 액체 헬륨의 비등점인

영하 269℃가 되어도 소성을 잃지 않는다.

더 고순도의 철이 얻어지면 다시 새로운 성질이 나타날 것은 의심할 여지가 없다. 이와 같이 초고순도의 금속은 공업적 순도 내지 화학적 순도의 금속과는 전혀 다른 성질의 것이며 이 방향으로 금속학의 발전은 필연적인 것이다.

일례를 들면, 철과 같이 체심 입방격자(육면체의 구석과 가운데에 격자점이 있는 공간격자)를 갖는 금속은 저온에서 푸석한 성질(저온 취성)을 갖는다는 것을 옛날부터 알고 있었다. 그러나 왜 그렇게 되는가 하는 참 이론적 설명은 하지 못하였다. 역으로, 이론상으로 보면 체심 입방 금속은 아주 소성이 좋으며, 저온에서 그 성질이 없어질 이유가 없는 것이다. 그러면 문제는 어디에 있는가? 모든 것이 불순물 때문임이 알려졌다. 탄소, 산소, 수소, 질소, 비소 등의 유해 원소가 전위와 작용하여, 결정면의 미끌림을 방해하며, 입자 경계에 석출되어 '비금속 화합물의 박막'을 만들기 때문에 균열 발생이 용이하게 되어 저온 취성이 일어난다. 물론 불순물의 양이 클수록 취성이 나타나는 온도도 높아진다.

러시아 과학아카데미 소속 바이코프 야금연구소의 내열 희금속 및 합금 연구부(이하에서는 바이코프 연구소로만 표함)는 특히 순도를 높인 체심 입방 금속(단결정)에서는 저온 취성이 나타나지 않음을 실험적으로 증명했다.

'초고순도 금속'이라는 말을 썼으나 '절대적 순수한 금속'이라고 하지는 않았다. 왜냐하면 기본 금속의 원자 1천 억 개에 한 개의 불순물 원자가 포함되었다고 가정해도 1몰(6×10^{23}개)로 고치면 아직도 1천억 개의 이물질(異物質)이 혼입되어 있다.

절대적 순수까지는 아직도 아득히 먼 일인 것이다.

절대적 순수란 이상만이지, 그에 접근은 가능하나 도달은 불가하다. 기본 금속 중의 이물질은 그것이 적어지면 적어질수록 제거도 곤란하게 된다. 또한 순도가 높아지면 그 순도를 유지하는 것이 또한 곤란해진다. 이 점에 대하여 독일의 물리학자 베르너 하이젠베르크는 재미있는 한 예를 들고 있다.

그가 질량 분석기를 사용하여 실험 중, 그럴 리가 없는데도 대기 중에서 금의 원자가 검출되었다. 그가 자기의 금테 안경을 벗어 치워버리니 곧 금의 발생이 없어졌다.

이와 같이 아주 사소한 일이 오염의 원인이 된다. 상온의 공기 중에서는 금속의 표면을 원자 한 개당 1초간에 약 10억 개의 분자가 폭격하고 있다. 가열 시에는 그 수가 다시 급증한다.

공장지대의 공기가 산업 폐기물에 더럽혀져 그것이 점점 심해지고 있음을 우리들은 알고 있다. 예를 들면 대단히 정밀한 전자 장치를 만드는 공장에서는 한 시간에 공기 $1㎥$ 중에 나타나는 먼지가 한 개를 넘어도 안 된다.

이러한 조건을 통상의 대기 중에서 찾는다는 것은 불가능하며 공기 조절로써 이룩한다. 그러나 활성의 금속에게는 먼지뿐만 아니라 공기 그 자체도 유해하다. 그래서 외계와 완전히 두절된 지하 공장을 만들어, 대기로는 비활성 기체(주로 이르곤)가 사용되어 작업자가 우주복을 입고 공장 내에서 일하는 광경을 연출하는 것이다.

다시 엄밀히 말하면, 비활성 기체도 금속을 오염시킨다. 그 원자가 금속의 깊은 곳에 들어가는 것이다. 그래서 진공 중에서 금속의 용해와 가공을 하는 것이 최선책이나, 공장의 진공

화에는 막대한 비용이 소요된다. 인공적인 진공은 최고로 수은 주 10^{-9}(0.000… 영이 9개 나감) 내지 10^{10}㎜나, 이 때도 1㎤ 안에 아직 3200만 개의 분자가 남아 있다. 학자들은 우주공간의 진공(10^{-14}~10^{-16})을 금속 제련을 위해 이용할 것을 심각하게 고려하고 있다.

초고순도 금속을 얻으려면

고순도 금속에의 요구가 높아짐에 따라 금속의 제련 방법도 진보했다. 여기에서 대표적인 두 개의 예를 들어 보려 한다. 그 첫째는 소위 존 멜팅(Zone Melting)법이다. 이 방법은 용해한 금속이 응고할 때 불순물을 아직 응고하지 않은 액상의 부분에 남기는(이것은 해상의 얼음이 염분을 포함하지 않은 것으로도 상상할 수 있다) 사실에 입각하고 있다.

제련하고자 하는 금속의 긴 봉을 준비하여 앞 도면에서 보는 바와 같이 그 일부분을 가열하여 작은 존(zone)의 폭 만큼을 용해시킨다. 가열 방법으로는 일반적으로 고주파로가 사용되나 전자선 가열이나 태양로도 이용할 수 있다. 다음은 시편을 천천히 움직여 그 용융대를 봉의 일단에서 타단으로 이동시킨다. 용융대 안에는 불순물이 농축되어 봉의 끝에 모여진다. 이 조작을 반복함으로써 금속은 점점 정제된다. 만일 필요하면 용융대의 수를 늘려 반복의 횟수를 줄일 수 있다. 마지막으로 불순물이 농축된 끝의 부분을 잘라버리면 정제 공정은 끝나는 것이다.

사냥꾼들의 말을 믿는다면 여우의 벼룩잡이는 존 멜팅과 흡사하다. 여우는 털 뭉치를 입에 물고 천천히 꼬리부터 물에 들어간다. 벼룩은 물을 싫어하기 때문에 점점 머리 쪽으로 도망

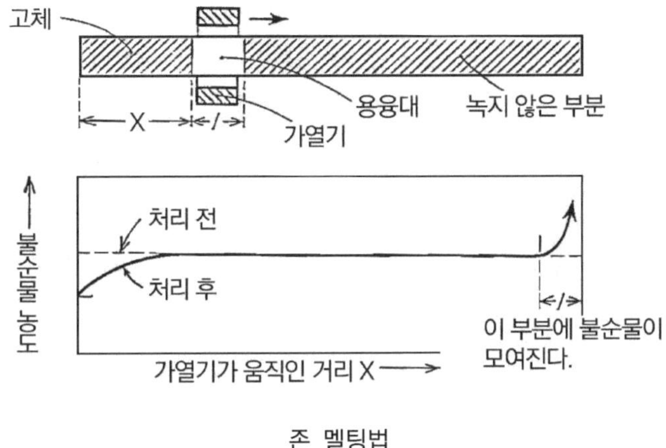

존 멜팅법

쳐 온다. 여우는 천천히 몸을 물에 잠기게 하여 마지막으로 코 끝만 물 위로 내 놓는다. 벼룩들은 별 수 없이 여우가 물고 있는 털 뭉치로 도망친다. 때를 보아 여우는 입을 빨리 열어 털 뭉치를 놓고 둑으로 헤엄쳐 나온다. 아주 영리한 행동이 아닌가? 바이코프 야금연구소에서는 전자선 가열이나 플라스마 제트를 이용한 존 멜팅법으로 내열 금속의 단결정, 예를 들면 텅스텐의 직경 50㎜, 길이 800㎜까지의 단결정을 만들었다.

두 번째 예는 '아이오딘화물법'이라 한다. 우선 불순한 금속과 옥소(아이오딘)의 증기와 반응시켜 아이오딘화물의 기체를 발생시킨다. 이 때 불순물의 일부는 아이오딘과 반응하지 않고 찌꺼기로 남는다. 다음은 아이오딘화불 기체를 ⊥ 분에 온도까지 가열하여 금속 필라멘트(이미 정제된) 위로 인도해서 여기서 아이오딘과 금속으로 분해한다. 불순물의 일부는 이 온도에서는 분해되지 않고 기체로서 제거된다. 발생한 아이오딘화물의 증기는 재차 불순금속을 아이오딘화하는 데 사용한다. 이와 같

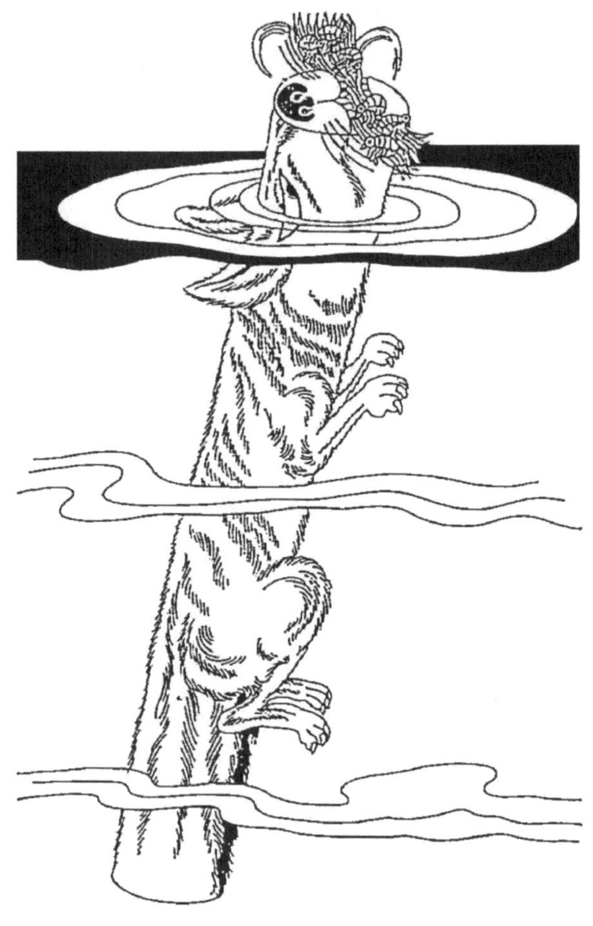

여우의 벼룩잡기에서의 배움

이 하여 필라멘트 상에 정제된 금속의 결정이 얻어진다. 이 두 개의 예는 금속 정제와 동시에 단결정 육성법이기도 하다.

금속 단결정은 소성이 있고 진공 중에 사용하여도 가스 방출 이 없으며 고온에서 장시간 사용에 견디는 등 많은 이점이 있다. 러시아에서는 이미 몰리브데넘, 텅스텐 등의 단결정이 실용화되어 있다. 이와 같이 초고순도 금속 재료의 생산과 이용은 러시아의 국민 경제의 발전상 큰 의미를 갖는 것이다.

4장
금속의 조합

합금 중에 존재하는 것

고순도의 철은 연하며 기계나 구조물로는 부적합하다. 더구나 고순도 금속이 필요하게 된 것은 극히 최근의 일이며 실제로 지금까지 사용된 것들은 어떠한 모양이건 타원소를 포함한 합금이다.

합금은 그것을 구성하는 원소의 어느 쪽에도 없는 성질을 나타내며 다양한 성질을 갖는 여러 가지 실용 재료를 제공하고 있다. 합금화에 의하여 원소의 바람직하지 못한 성질을 없애고, 바람직한 성질을 살릴 수 있다. 예를 들면 합금은 그 기본이 된 기본 금속보다 10~20배의 강도를 갖게 되며 융점을 높이든가 내릴 수 있다. 또한 강력한 자성을 주고, 열팽창률을 대단히 적게 할 수도 있다.

그러면 합금이란 무엇인가? 이 질문에 획일적인 회답은 할 수 없다. 예를 들면 안티모니, 납, 합금을 현미경으로 보자. 여기서 볼 수 있는 것은 납의 결정과 안티모니의 결정으로 되는 아름다운 모자이크 모양이다. 이것은 단순한 혼합물로 두 성분이 독립적으로 결정화되어 있다. 알루미늄 규소, 비스무트, 카드뮴합금도 그러하다. 이러한 합금에서는 각 성분의 다른 성질을 조합함으로써 특별 용도를 찾을 수 있다. 예를 들면 구리, 납, 안티모니 합금은 베어링 면으로 사용되나, 그 안에는 안티모니 화합물의 단단한 결정이 연한 구리, 납 기질(基質)의 안에

분산되어 있다. 안티모니 화합물은 내마모성이 있고 베어링의 수명을 길게 한다. 또한 기질의 납은 연하기 때문에 가공성이 양호하고 마모 계수가 적다. 알루미늄, 규소합금은 규소의 존재로 응고 시에 부피 감소가 적고 특히 주조용으로 사용된다.

이상 언급한 합금은 융해함으로써 완전히 혼합되는 조합이지만 철과 납, 철과 비스무트의 조합은 융해하여도 물과 기름같이 혼합되지 않는다. 이럴 때는 '분말 야금법', 즉 금속을 분말로 하여 그것을 혼합 소결시키는 방법으로 혼합물 합금이 얻어진다.

단순한 혼합물에 대하여 두 개의 성분이 완전히 용해되어 있는 고체가 있다. 소위 말하는 고용체다. 용융한 구리와 니켈은 어떠한 비율에도 혼합되어 용액을 만든다. 그러나 아연과 납,

구리와 납, 비스무트와 갈륨 등의 조합에는 고온의 용융 상태에서도 일정한 비율만이 용해된다.

그래서 납과 아연을 같이 가열, 융해하면 윗부분에는 비교적 가벼운 아연의 융체(소량의 납을 포함한다)가 부상하고, 밑에는 무거운 납의 융체(소량의 아연 포함)가 침강하여 두 개의 층으로 나눈다.

이와 같은 일이 고체에서도 일어난다. 두 개의 금속의 원자 반경이 거의 동일(정확하게 반경의 차가 15% 이내)하며, 양자의 결정형이 동일할 때, 두 종류의 원자는 결정격자상의 어떠한 위치에도 마음대로 치환(置換)할 수 있다. 위의 왼쪽 그림을 치환형(置換形) 고용체라 한다. 철-크로뮴, 코발트-니켈, 구리-니켈 등의 조합들은 이러한 고용체를 만들어 널리 활용하고 있다. 앞에서 말한 구리-니켈의 합금은 우리들이 쓰는 '동전'이 되고 있다.

두 개 원소의 원자 반경이 크게 차이 날 때, 작은 측의 원자는(많은 수박 사이에 작은 복숭아를 조금 섞어 놓은 것과 같이) 큰 원자의 격자 사이에 쉽게 들어간다. 다음 장의 그림이 그것이며 침입형 고용체라 한다. 이러한 종류의 대표적인 고용체로서 철-탄소의 조합이 있다.

구리-니켈과 같이 어떠한 비율에서도 고용체를 형성할 수 있는 것은 두 물질이 멘델레예프 주기율표에서 아주 가까운 위치에 있으며 전자 구조도 서로 닮은 조합에 한한다. 그렇지 않을 경우 예를 들면, 결정형이 달라지면 당연히 고용체가 되는 합금의 농도범위가 제한된다. 어떤 금속 A안에 고용되어 있는 금속 B의 농도가 일정한 한도까지 증가하면 그 이상 고용체로서

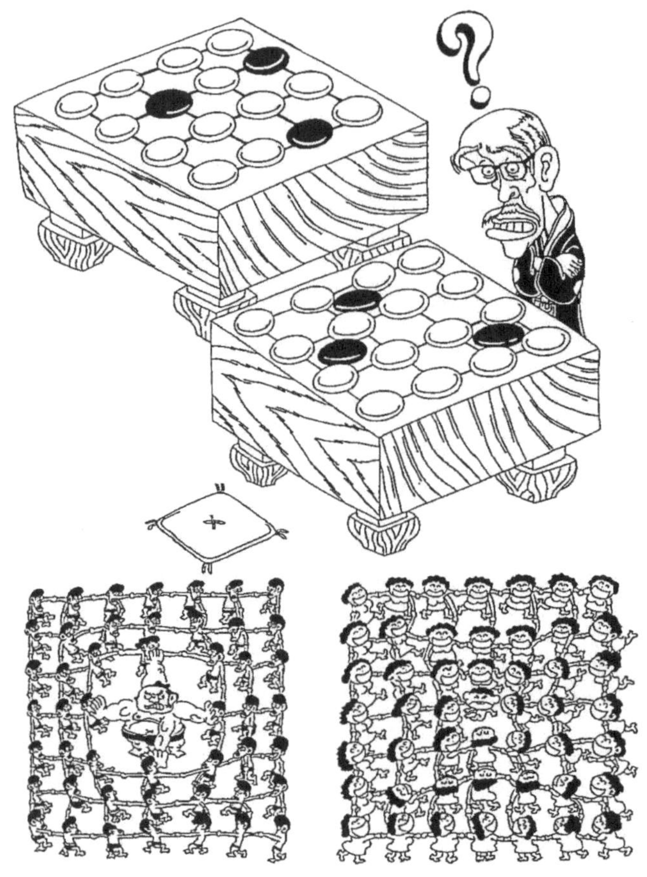

치환형 고용체(왼쪽 아래)와 침입형 고용체(오른쪽 아래)와의 차이

는 있을 수가 없고, 금속 간 화합물이나 기계적 혼합물을 만든다. 금속 A와 금속 B간의 원자량의 차이가 크게 될수록 두 물질의 상호 용해도는 저하하게 된다. 주기율표상에 멀리 떨어진 위치에 있는 금속의 조합에서는 기계적 혼합물이나 금속간 화합물이 형성되기 쉽고 고용체는 형성되기 어렵다.

이런 이유에서 합금 중에는 고용체, 기계적 혼합물 및 화합물(비금속과의 화합물을 포함)들이 단일 또는 서로 조합된 형태로 존재하고 있다.

금속 중에 존재하는 화합물에서는 일반 화학의 상식이 되어 있는 원자가가 지켜지지 않는다. 예를 들면, 동일 금속간에도 $MgZn_5$, $NaZn_{12}$와 같은 화합물이 있어 다종류(나트륨-주석 사이에는 9개 종류)의 화합물을 만든다. 그 이유는 화합물이 아주 복잡한 결정 구조를 나타내기 때문이며 알루미늄과 마그네슘의 어떤 화합물(B화합물)에서는 그 단위격자가 104개 이트륨과 붕소 화합물의 어떤 것은 실제로 1,700개의 원자로 구성되어 있다. 여기서는 원자간 결합에도 금속결합형, 공유(共有)결합형, 이온결합형 등 여러 가지 형태가 있다.

이와 같이 결정 구조가 복잡한 것과 원자간 결합 양식에 차이가 있는 것이 반영되어, 화합물의 물리 화학적, 기계적, 전기적 내지 광학적 성질이 매우 다양하게 나타난다. 80종에 이르는 금속으로 만드는 2성분계, 3성분계……다성분계로의 조합의 수는 막대한 것으로, 앞으로 어떠한 성질의 것이 발견될지 예측할 수 없다.

일반적으로 고용체는 연하고 소성과 인성이 풍부하며, 스테인리스강이나 놋쇠가 이에 해당된다. 이에 반하여 화합물은 딘단하고 푸식하다. 그러나 그 존재는 베어링 합금 중의 화합물이나 공구강 중의 탄화물같이 재료의 특성을 지배하는 것이 많다.

금속간 화합물이 대단히 단단하고 가공이 곤란하기 때문에 이것의 공업제품으로서의 이용은 얼마 전까지도 절망적이었다. 그러나 화합물이 가공 곤란한 것은 상온 이하의 온도에서이며 고온에서는 가공도 용이함이 최근 판명되었다.

E. M. 사비츠키의 연구 결과에서는 모든 금속간 화합물은 융점의 70%~90%의 용도에서 뛰어난 소성을 갖는다는 것이 확인되어, 금속간 화합물에 의한 제품의 제조기술이 확립되었다. 또한 재미있는 것은 금속간 화합물을 그 융점의 50~80% 정도까지 가열하면 기계적 강도가 증가한다. 어떠한 것은 수백 % 증대한다(소성이 있는 금속은 가열하면 강도가 떨어진다는 것은 널리 알려져 있다). 이 효과는 학문적으로는 물론 내열성 재료를 얻는 실용상의 의의가 크다. 그러나 이 현상에 대한 완전한 설명은 아직도 발견되지 않고 있다.

합금을 만드는 방법에는 다른 종류의 금속을 함께 가열, 용융하는 방법 외에 앞에서 이야기한 분말 야금법이나 금속의 표면에서 타원소를 확산하여 침투시키는 방법들도 쓴다. 예를 들어 연한 저탄소강으로 만든 크랭크샤프트나 치차(齒車: 톱니바퀴)의 표면에 탄소를 확산시키면 표면은 대단히 단단하고 내마모성은 있으나 중심부는 탄성과 질김을 갖는 이상적 제품이 얻어진다. 같은 방법으로 높은 경도를 얻기 위해서 질소를, 내열성을 얻기 위해서는 크로뮴을 강제품의 표면에서 확산(침투)시키는 일이 이루어진다.

합금 나라의 지도

"해냈다"라고 한 아르키메데스의 환성은 그의 이름을 붙인 원리의 발견과 동시에 물리 화학적 분석법의 탄생을 세계에 외치는 것이었다. 독자들도 알다시피 아르키메데스는 기원전 3세기에 비중을 측정함으로써 왕관이 순금으로 되어 있는가 또는 합금의 가짜로 되어 있는가를 알아내었던 것이다. 이러한 물리 화학적 분석법은 그 후 여러 과학자들에 의하여 발전되었으나, 그 중에서도 러시아 아카데미 회원인 S. S. 구루나코프에 의한 열 분석법의 개발은 매우 중요하다. 열 분석법에 의하여 합금 나라의 지도라고 일컬어질 각종의 상태도가 얻어졌다.

통상의 화합물에서는 성분 원소의 비율이 변화하면 그 성질이 비약적으로 변화한다. 예를 들면 물(H_2O)과 과산화수소(H_2O_2)와는 현저하게 다르며, 탄산가스(CO_2)와 일산화탄소(CO)와는 전혀 닮지 않았다. 합금에 있어서도 그 성분 비율이 변화하면 융점, 비등점, 비중, 전기 전도도 등의 물리 화학적 특성이 성분의 농도에 따라 변화한다. 이러한 것을 일목요연하게 나타내는 것이 상태도와 조성-성질도이다. 이들 도면에는 국제적 공통용어가 쓰이며, 지도는 그것을 읽을 수 있는 사람에게 늪이나 고지의 위치나 도로가 어디를 지나고 있는가를 표시하고 목적의 지점을 신속히 찾아내는 데 필요한 정보가 된다. 이처럼 야금학자가 많은 문제를 해결하기 위한 기본적인 정보를 제공하는 것이다.

그러면 상태도에 대해 설명을 해보자. 물론 금속의 조합이 납과 철, 철과 은과 같이 전혀 합금을 만들지 않는 것이라면 상태도는 존재하지 않는다. 합금을 구성하는 원소가 구리-니켈 등과 같이 고용체만을 만드는 경우의 상태도는 뒷장의 ①번 그림과 같이 된다.

여기서 수직축은 온도, 수평축은 조성을 나타내고 있으며 A점과 B점은 각각 순금속의 융점을 나타내고 있다. A점과 B점을 잇는 위의 선은 '액상선'이라 부르며 이 선부터 위의 온도에

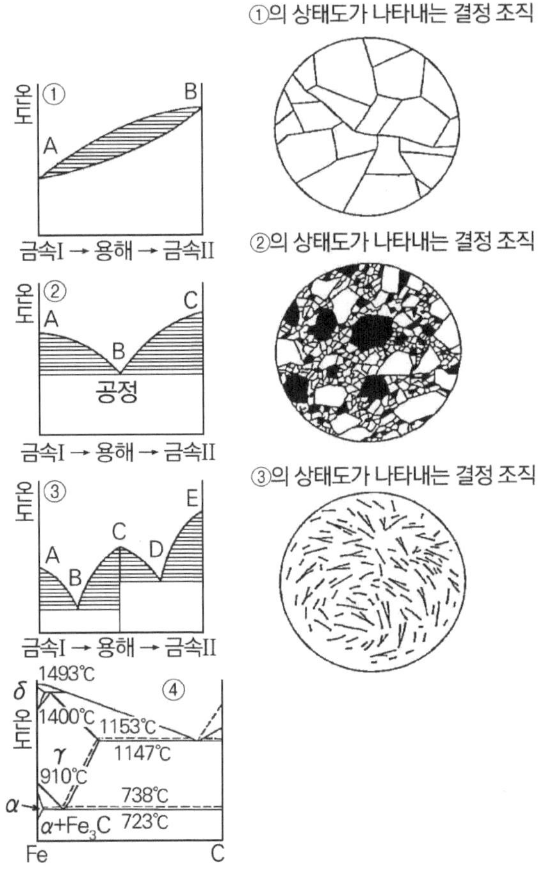

금속의 지도(상태도) 금속 조직을 한눈에 알 수 있다

서는 금속이 모두 액체 상태이다. 다음으로, A점과 B점을 잇는 아래의 선은 '고상선'이라하며, 이 선의 아래에서 금속은 모두 고체 상태이다.

액상선과 고상선의 중간에 있는 렌즈형의 영역에서는 융점이 높은 금속의 작은 결정이 그보다 융점이 낮은 금속의 용액과 공존한다.

다음은 안티모니-은과 같이 용융상태에서는 융합하지만 고체 상태에서는 분리되어 기계적 혼합물을 형성하는 조합에서는 상태도가 ②번 그림과 같이 된다. 이 도면의 A와 C는 순금속의 융점이고, B는 '공정(共晶)점'이라 부른다. 공정점은 그 상태도 중 가장 낮은 융점의 온도와 조성을 나타내고 있다. 이와 같은 상태도를 나타내는 금속의 조합에서는 내열성 합금을 얻는 것이 어렵다. 그러나 공정 합금은 아주 우수한 주조성이 있으며 '이융(易融) 합금'으로서 납땜이나 화재경보기에 사용하고 있다.

그래서 성분 원소의 사이에 금속간 화합물이 만들어지면 그 상태도는 ③번 그림과 같이 된다. 여기서는 A점과 E점이 순금속의 융점이며, C는 화합물의 융점이다. B와 D는 화합물과 순금속 사이에도 공정점이 있다는 것을 나타내고 있다.

이상의 설명은 상태도의 아주 간단한 경우들이며, 실제로는 ④번 그림에 나타낸 철-탄소계와 같이 대단히 복잡한 것이 더 많다. 여기에는 고용체가 생성되는 온도와 조성의 범위, 변태점, 공정점, 융점의 변화 등 많은 정보가 들어 있다. 예를 들면 전기 전도도를 갖고 성질과 조성의 관계를 나타내면 조성-성질도가 된다.

20세기 초, 구루나코프는 이 성분계 합금의 많은 물리직 성질이 그 조성과 구조에 의하여 변화한다는 것을 알아냈다. 그의 후계자들이 발전시킨 구루나코프의 법칙은 오늘날에도 신합금 추구를 위한 기본적 지침이 되고 있다.

세계의 문헌에 발표된 합금 상태도와 조성 성질도 중 40% 이상이 러시아 학자들의 손에 의하여 만들어졌으며, 각 방면에서 금속 과학의 진보에 공헌한 바가 크다.

참으면 좋아지게 된다

아주 최근까지는 이상의 기술(記述)로 이 장을 끝맺을 수 있었으나 현재에는 금속의 조합은 합금뿐만이 아니게 되었다.

그러한 조합의 하나인 도금에 대해서는 여러분도 잘 알고 있을 것이다. 통조림용의 철판에는 주석이 도금되어 있다. 주석은 유기산에 의하여 부식되지 않으며 식품을 안전하게 보관한다. 그 외 크로뮴, 금, 은, 니켈, 아연 등의 도금 제품은 눈에 잘 띄는 것들이다. 이들의 도금은 기질(基質) 금속을 부식에서 보호하는 것이 주목적이지만 같은 목적으로 두 장의 금속판을 같이 합쳐 고온 하에서 압연하여 접합시키는 방법도 쓰고 있다. 스테인리스강과 보통강의 이중 판이 그것이며 화학 장치용으로도 사용한다. 어떤 종류의 전선에도 이러한 방법을 사용할 때가 있다. 러시아 과학아카데미의 시베리아 유체역학연구소에서도 새로운 금속의 조합 방법으로 '폭발 압접법'을 연구하고 있다.

부식성이 강한 매체를 취급하는 화학 반응기에서는 보통 탄소강은 며칠 안 되어 부식된다. 스테인리스는 부식되지 않으나 반응기 전체를 스테인리스로 만들면 비용이 엄청나게 든다. 그래서 도금을 고려하게 되나, 탄소강에 스테인리스강을 도금한다는 것은 기술적으로 불가능하며, 니켈 도금으로 대용한다고 해도 충분한 두께의 니켈 층을 입히는 데는 대단히 장시간을 요하며 비경제적이다.

이 문제를 해결한 것이 '폭발 접합'이다. 우선 두 장의 금속판을 포개놓고 그 위에 화약을 놓은 뒤 점화한다. 폭발의 충격

주목되고 있는 폭발 압접법

파는 초속 수백 미터에 달하며 수십만 기압의 압력이 두 장의 금속 사이에 발생한다. 이 엄청난 압력 하에서는 아무리 단단한 금속이라도 소성 유동을 일으켜 양 금속판 사이에 원자간 힘이 작용하도록 압착시킨다.

이 방법으로 수력 발전소의 터빈 날개가 스테인리스강으로 피복되었다. 거대한 날개 전부를 스테인리스로 만드는 것은 비용이 너무 든다. 날개의 표면은 미묘한 곡면으로 되어 있으나 폭발 압접법에 의하면 복잡한 곡면의 내외측을 덮어씌울 수가 있다.

이 방법의 특색은 구리와 철, 철과 타이타늄과 같이 보통의 용접법으로는 접합되지 않는 금속의 조합도 강력한 압력에 의해 서로 압접(壓接)되고 만다.

금속의 복합 팀

프랑스의 정원사 모니에라는 사람이 하루는 슈로의 나무를 영국에 수출하게 되었다. 목제(木製)통이 부족하여 모니에는 콘크리트로 된 통을 쓰기로 하였다.

그러나 그 통은 무겁고 강도가 약하였다. 슈로의 나무가 자라면서 그 뿌리가 시멘트의 벽을 뚫고 나왔던 것이었다. 그래서 모니에는 통을 철망으로 씌웠으나 그 모양이 형편없어 할 수 없이 외측에다도 시멘트를 발랐다. 그러니까 통은 아주 강고하고 매끄러운 표면을 갖게 되어 묘목의 수송에 크게 이바지했다. 이와 같이 하여 1867년에 철근 콘크리트가 탄생하고, 조합(組合)된 재료가 서로 장점을 살리는 새로운 '복합 재료'의 시조가 되었다.

금속의 복합 재료에는 아주 많은 종류가 있다. 예를 들면, 금속 분말에 산화물, 탄화물, 탄소 등의 분말을 혼합하여 소결하는 분말야금법으로 많은 특수한 성질을 갖는 재료가 얻어진다. 또한 연한 타이타늄은 강도가 있는 몰리브데넘선으로 강화하면 몇 배의 내구성이 있는 재료가 된다. 과학자들은 가까운 장래에 금속을 가느다란 '수염' 결정(타종 금속 또는 산화물의)으로 강화하여 기질 금속의 수배의 강도가 있는 재료를 만들려 하고 있다.

‘거품 금속’도 복합 재료의 일종이다. 예를 들면 알루미늄의 거품은 충분한 강도를 가지며 비중은 물의 1/5 정도이다. 유명한 뗏목 ‘곤지키호’는 가장 가벼운 목재 ‘바루사’로 만들어졌으며 거품 알루미늄의 가볍기도 이에 못지않다.

거품 알루미늄을 압축하여 만든 소재는 비중 1.4 정도이나 강도는 주조한 알루미늄과 동등하다. 나라에 따라서는 이 재료를 이미 항공기나 로켓에 사용하고 있다. 민가의 주택에 사용하면 목재의 모든 장점을 가짐은 물론 습기에 강하고 부식되지 않으며 타지도 않는다. 못을 박을 수 있으며 접어 붙이기, 납땜, 용접 등도 쉽게 할 수 있다. 목재는 나무결의 방향에 따라 강도가 크게 다르나 거품 알루미늄은 완전히 등방성*이다.

이와 같은 거품 금속은 마그네슘, 니켈, 구리, 철강 등으로도 만든다. 이와 같이 금속이 타종 금속과는 물론 비금속과도 복합되기 때문에 급속히 진보하는 우주시대의 요구를 충족할 재료를 무한히 창조할 수 있는 가능성을 갖는 것이다.

---

* 편집자 주: 물질의 물리적 성질이 방향이 바뀌어도 일정한 성질. 보통 기체나 액체, 비결정성의 고체가 등방성을 갖는다

5장
문명의 기초

철 시대는 계속된다

인간의 역사의 각 단계는 이미 말한 바와 같이 노동 도구를 만드는 재료에 의해 이름 지어졌다. 이 관습에 따르면 현대는 당연히 철의 시대이며 구조용 재료의 90% 이상이 철을 기본으로 만들어지고 있다.

금속 과학의 일반론에서 개개의 금속으로 화제를 옮기기 전에 '문명의 기초의 하나인 철'부터 설명하기로 하자.

고대 그리스인은 철을 '와아배'라 불렀다. 이것은 '하늘의 산물'이라는 뜻이다. 고부도 사람들도 철을 '하늘의 돌'이라고 불렀다. 인간이 알게 된 최초의 철은 운철(석)이다. '하늘의 산물'을 이용한 제품은 고대부터 만들어지고 있었다. 그러나 그것을 광물에서 제련하게 된 것은 훨씬 후대가 된 다음의 일이다. 그 이유는 철을 용해하기 위한 온도(1,539℃)가 쉽게 얻어지지 않았기 때문이다.

철이 금보다 높이 평가되던 시대가 있었다. 고대 그리스의 지리 및 역사학자, 스도라봉의 저서 『지리학』에는 일부의 아프리카인이 무게가 10대 1의 비율로 금과 철을 교환했다고 기록되어 있다. 호메로스의 『오디세이아』에는 경기의 승리자에게 금괴와 철괴가 상품으로 주어진 것이 기록되어 있고, 햇도우왕에게 보낸 편지에는 고대 이집트 왕이 금과 교환한 철을 보내줄 것을 의뢰하고 있다. 고대에는 철의 평가가 극히 높아 스칸

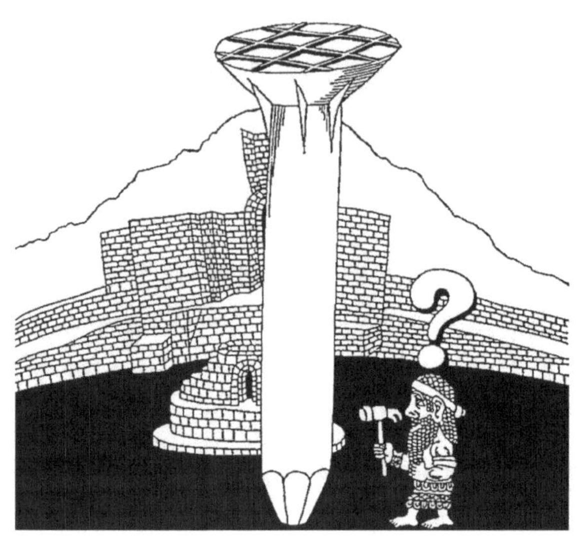

디나비아의 고분에서 발견된 무기는 검의 날 부분만 철로 만들었으며 그 외의 부분은 청동으로 만들어져 있었다.

인류의 역사상 철의 의의는 이미 고대에서도 이해되고 있었다. 고대 로마의 학자 플리니우스는 그 저서 『자연의 역사』에 이렇게 쓰고 있다.

"철은 인간에게 가장 우수하고 또한 가장 유해한 도구를 제공하고 있다. 이 도구로 땅을 파고, 작물을 심고, 과수원을 만들어 포도나무를 손질한다. 이 도구로 집을 짓고, 돌을 깎고, 일을 한다.

그러나 같은 철 도구로 싸우고, 전쟁을 하고, 약탈도 한다. 근거리에서 뿐만 아니라, 포문에서, 강력한 발사기에서, 또는 날개를 달은 화살의 모양으로, 철을 멀리 보낸다. 내 생각에 이것은 인간의 지혜의 악행이라 생각한다. 인간을 빨리 죽이기 위하여 죽음을 재촉

하기 위하여 철에 날개를 달아 날리는 것이다. 따라서 죄는 인간에게 있지, 자연에는 없다."

중세에도 철의 노동 용구는 숲이나 황무지를 개간하고 농민들의 생산력을 몇 배 올렸다. 철이 없었으면 수공업의 발전도 없었을 것이다. 그러나 이 금속의 약진은 19세기에 시작하고 있다(일부의 역사가들은 철 시대가 20세기 초기에 끝난 것으로 보는 견해도 있지만……).

사실상 1800년의 연간 철의 생산량은 50만 톤에도 미치지 못했다. 그것이 19세기 말에는 약 350만 톤, 20세기에는 약 5억 톤에 이르고 있다.

현대에 있어서의 철은 수력 발전소, 송전선 지주, 고층건물의 철골, 선박 등에 쓰이고 있다. 그것은 또한 수도관, 송유관, 가스관, 하수도관이며, 화학 공장의 반응탑에 쓰인다. 그리고 모든 공업의 중핵으로서 금속 가공용 기계이며, 가정에서는 통조림통, 삼륜차, 칼, 못, 바늘 등에 사용된다. 이처럼 철이 없는 문명생활은 생각할 수 없다. 그러나 일면적으로 현대의 철은 전차, 대포, 기관총이며, 또한 군함, 철조망, 로켓이다. 그것은 포탄, 총탄, 폭탄, 기뢰 그 외 많은 파괴와 살인 도구이기도 하다. 일국의 경제력과 군사력도 현재의 주요 재료인 철의 생산량에 의해 결정된다.

지구상에 철의 매장량은 알루미늄 다음으로 많으며, 77만 5천조 톤 이상이라고 한다. 러시아도 사실상 엄청난 양의 매장량을 갖고 있으며, 그라스크의 자기이상 분포 지방에만 해도 400억 톤의 철 자원이 있다.

철의 성질

순수한 철은 은백색으로 질김과 가단성이 풍부한 금속이다. 연하며 압연이 잘되어 담배 종이보다도 얇은 판으로 만들 수도 있다. 용융점은 이미 말한 바와 같이 1,539℃이며, 비등점은 3,000℃보다 약간 낮다.

자연에는 철의 동위 원소가 8종류 있으며, 그 중 원자량 56인 것이 가장 많이 존재한다(91.64%).

철 원자의 최외각 궤도에는 전자가 두 개 존재하며 밖에서 두 번째의 궤도에는 전자가 14개 존재한다. 그러나 이 14개 중 한 개가 궤도를 이탈하여 화학 반응에 참가하므로 철은 화학적으로 2가 또는 3가로 행세한다.

고순도의 철은 금과 같이 공기 중에서 산화하지 않는다. 그러나 너무 연해서 강도가 없다. 일반적으로 제철이라고 일컫는 모든 제품은 사실상 강 또는 주철, 즉 철과 탄소의 합금으로 되어 있다. 철은 소위 '카멜레온 금속'의 하나로서 온도에 의하여 결정형이 달라진다. 고순도 철을 천천히 가열하여 어떤 온도에 도달하면 열은 가해져도 온도가 상승하지 않는 기묘한 현상이 일어난다. 그것은 결정의 변환에 에너지가 소모되기 때문이며 처음은 768℃, 두 번째는

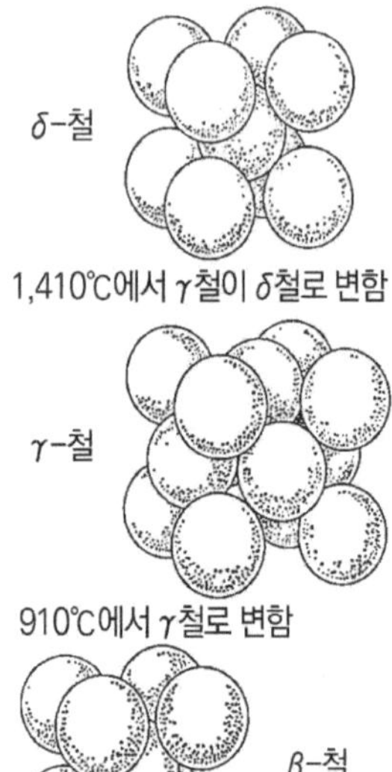

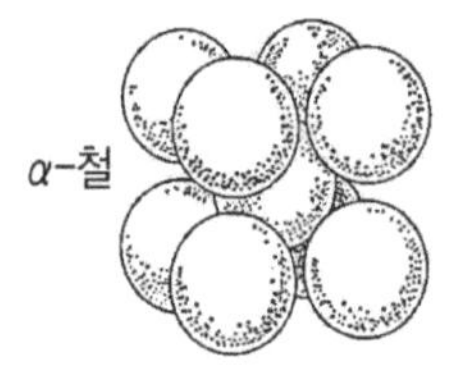

온도에 따라 철 금속은 구조가 변한다

910℃, 세 번째는 1,401℃에서 일어나며, 마지막으로 1,539℃에서 용해된다.

768℃에서의 승온(온도 상승) 정지는 알파철(체심 입방정)이 자성을 잃고 베타철이 되기 때문이며 910℃의 그것은 베타철(체심 입방정)이 감마철(면심입방정)로의 구조 변환 때문에 일어난다.

1,401℃에서 이 감마철은 다시 구조 변형을 하여 델타철(체심 입방정)이 된다. 다만 델타철 격자의 치수(격자 정수라 함)는 알파철의 경우보다 크다. 이들의 변화는 모두 에너지를 요하므로 열이 연속적으로 가해져도 시편의 온도는 상승하지 않는 것이다. 물론 용융한 철을 서서히 냉각시키면 앞에서 말한 정반대의 순서로 변태가 일어난다.

강도를 더해 주는 탄(炭)

고순도의 철은 연하기 때문에 기계나 건조물의 구조 재료로서는 부적합하다는 것은 이미 언급했다. 여기에 강도를 주기 위하여 탄을 첨가한다. 즉 목탄과 코크스는 철을 단단한 강이나 주철로 변환시킨다, 주철과 대부분의 강은 철과 탄소의 합금이다.

철 안에 탄소량이 0.05%에서 0.3%까지의 것을 '보통강'이라 부른다. 이 중에서도 비교적 탄소량이 적은 강은 기계의 구조 부분이나 축에 사용하며 탄소량이 많은 것은 철도 등에 사용한다. 탄소량 0.7~1.3%의 것은 '공구강'이라 하며, 금속 가공용의 공구가 이것으로 만들어진다. 공구강은 담금질이 잘 먹어 대단히 단단해진다.

감마(γ)철 중에서 용해가 가능한 최대치는 약 2%이며, 이것

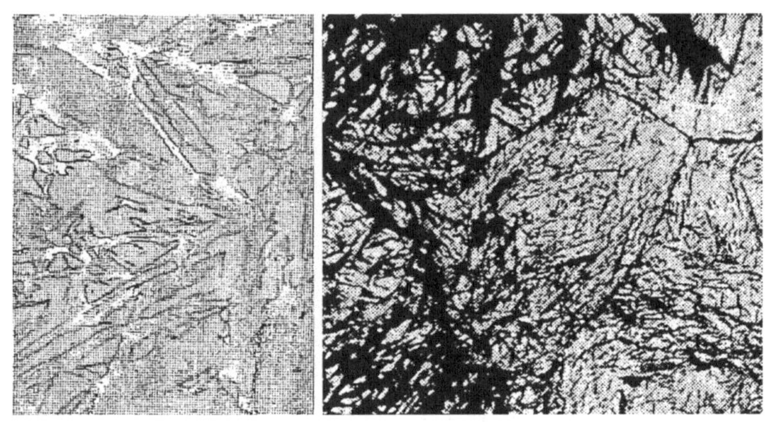

마르텐사이트 결정(왼쪽은 확대한 사진)

보다 탄소를 많이 포함한 것은 강이라 하지 않고 주철이라 한다. 주철에도 여러 종류가 있으나 탄소의 대부분이 흑연의 형태로 포함된 것을 회색 주철이라 하고 탄소가 철의 화합물(시멘타이트, Fe_3C)의 형태로 포함된 것을 '백주철'이라 한다. 회색 주철은 연하며 가공이 쉬우나 백주철은 대단히 단단하며 푸석하다. 주철의 용도는 다방면으로 많이 있다. 기계의 받침 부분, 엔진 본체, 수도관 그 외 많은 것이 주철로 만들어진다. 비교적 저온에서 용해되며 주조가 용이하여 공원의 울타리나 조각에도 사용된다.

'알파철(체심 입방)'의 구조에는 탄소 원자가 들어갈 장소가 극히 적은 데 반하여 '면심입방구조의 감마철'에는 크다. 723℃에서 알파철 중에는 탄소가 최대 0.2% 밖에 용해되지 않으나 감마철에서는 0.8%, 1,130℃에서는 최대 2%까지의 탄소가 용해된다. 지금 0.8%의 탄소를 포함한 강을 감마철이 되는 온도까지 가열하면 탄소는 모두 감마철에 용해되어 고용체를 만

든다. 이것을 서서히 냉각하면
철은 재차 알파철이 되고 탄소
는 '탄화철'이 되어 고용체로
분해된다.

이 때 생성되는 알파철(소량
의 탄소를 포함함)과 시멘타이
트가 샌드위치 모양으로 적층
된 구조를 일반적으로 '펄라이
트'라 부르며, 그 외의 알파철

펄라이트 결정(0.8% 탄소를 함유)

(0.01% 정도의 탄소를 포함하여 이것도 엄밀히는 고용체다)의 부
분을 '페라이트'라 부른다.

그러면 같은 방법으로 0.8%의 탄소를 포함한 강을 가열하였
다가 냉수 속에 투입하여 급히 냉각하면 앞과는 전혀 다른 일
이 일어난다. 냉각이 빠르기 때문에 탄소 원자가 확산하지 못
하고 구조 변형이나 시멘타이트로의 분해가 진행되기 전에 철
은 고온에서의 구조 그대로 냉각되고 만다. 이와 같이 고온에
서 안정한 감마철이 저온에도 남아 있는 경우 이것을 '오스테
나이트'라 부른다.

그러나 감마철의 구조가 저온에서 불안정한 것은 확실하다.
그래서 많은 경우 그 격자를 조금 늦춘 것 같은 형의(일파철의
구조를 낳겨 놓은 것 같은) 새로운 결정이 생긴다. 이 결정격지에
는 통상 감마철에서만 볼 수 있는 다량의 탄소를 포함시킬 수
있다. 새로 생긴 결정은 담금질강의 기본적 구조를 이루고 있
으며 이것을 '마르텐사이트'라 부른다.

이와 같은 강의 변태의 양상은 1926년 러시아의 게 베 구루

주모프 등이 X선 회절로 밝힌 것이다. 그러나 마르텐사이트가 높은 강도를 갖는 원인에 대해서는 몰랐었다. 과학아카데미 회원 구루쥬모프는 이 점에 관해서도 이렇게 해명하고 있다.

마르텐사이트가 되면 금속 입자가 막대한 수의 아주 작은 부분으로 분할되며 그 크기는 약 200~300Å(옹스트롬: 1옹스트롬은 0.1나노미터)이 된다. 여기에 형성된 다수의 경계면이 전위의 운동을 막는 것은 이미 설명한 대로이다. 과포화 고용체(오스테나이트)내의 탄소 원자도, 경계면에 생성된 탄화철의 미립자도, 모두 전위의 운동을 강하게 규제한다. 그래서 담금질을 시킨 강은 경도와 강도를 갖게 되는 것이다. 마르텐사이트는 약 200℃에서 발생한다. 그래서 강의 담금질에는 가열한 재료를 이 온도까지 급랭하는 것이 필요하다.

강화에 대하여 조금 더

고주파 장치를 쓰면 강 제품 표면의 아주 짧은 층만을 급속히 가열할 수 있다. 그리고 이 제품을 물에 급랭시키면 표면만 담금질이 된다. 제품의 표면은 대단히 단단하고 내마모성이 있으나 그 중심부는 연하고 소성이 있다. 이와 같은 강화법은 침탄(浸炭)이나 질화(窒化)에 의해서도 달성된다. 또한 표면에서 알루미늄을 침투시키면 내열성이, 붕소에 의하면 내마모성이, 규소에 의하면 내약품성이 제품의 표면에 주어진다. 이러한 것을 총칭하여 '표면 처리법'이라 한다.

앞에서 언급한 마르텐사이트는 대단히 단단하고 푸석하여 부서지기 쉽다. 그것이 생성될 때 결정격자 내에 생긴 내부응력이 너무도 크기 때문이다.

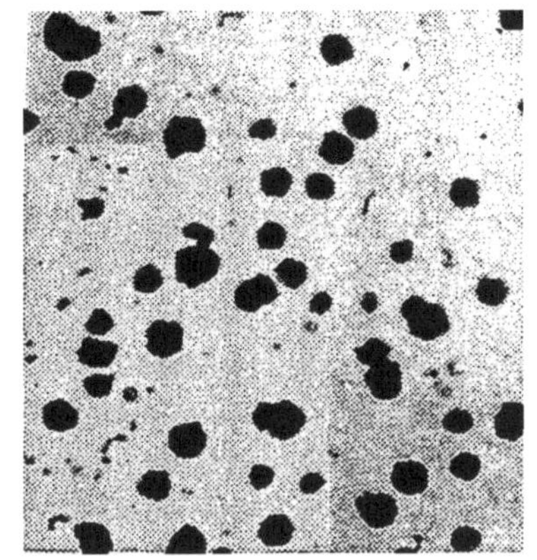

주철 중의 흑연을 구상화하면
강도가 높아진다

주철의 강도가 작은 것은 흑연이
판상으로 존재하기 때문이다

　금속 공작용의 바이트는 너무 푸석하면 부러지기 쉬워서 사용할 수 없다. 그래서 담금질한 강을 재차 150~200℃로 가열한다. 이렇게 하면 마르텐사이트의 일부가 분해되어 페라이트의 소결정과 소판상의 시멘타이트가 혼합한 연하고 질긴 조직을 만든다. 이와 같이 재가열하는 것을 일반적으로 '소둔(풀림)'이라 한다. 풀림을 함으로써 경도를 너무 잃지 않고 푸석하게 되는 결점을 개량할 수 있다

　경도는 그렇게 중요하지는 않으나 소성과 강성을 갖는 것이 필요한 기계, 건축물의 구조용 강에서는 풀림을 500~600℃에서 행한다.

　이러한 풀림을 '고온 풀림'이라 하며, 마르텐사이트가 완전히 분해된다. 이와 같이 하여 생겨난 페라이트와 시멘타이트의 혼합물은 대단히 미세하며 강도가 높다. 담금질과 풀림을 행함으로 강은 4~5배의 경도와 2배에 가까운 강도를 갖게 된다.

주철이 강과 다른 점은 그 탄소 함량뿐인 것은 이미 말한 바와 같다. 보통 주철 안에는 탄소가 편상 흑연의 모양으로 석출하고 있다. 주철이 강도가 없는 것은 이 흑연이 기질 금속(페라이트)에 많은 균열을 넣은 것처럼 존재하기 때문이며 만일 흑연을 구상(球狀)화하면 주철의 강도가 큰 폭으로 증대할 것이다. 그러한 방법을 러시아의 학자들은 연구하고 있다. 구상화 흑연 주철을 얻을 목적으로 현재는 용융된 주철에 소량의 마그네슘과 세륨을 첨가한다. 또한 구상화 주철에 의하여 고압용의 파이프나 엔진의 크랭크, 그 외 지금까지 강을 사용하던 부품을 주철로 제작하게 되었다.

한편, 강을 강화할 목적으로 여러 가지 원소를 첨가하고 있음을 잊어서는 안 된다. 텅스텐은 경도, 몰리브데넘은 내열성, 니켈은 질김, 규소는 탄성, 크로뮴은 내산화성, 망가니즈는 내마모성에 좋은 영향을 준다. 크로뮴 18%, 니켈 8%를 포함한 스테인리스강은 해수 중에서도 녹슬지 않는다. 또한 크로뮴 18%, 니켈 25%, 규소 2%를 포함한 스테인리스 강은 고온에서도 거의 강도가 변하지 않는다.

앞에서 논한 바와는 반대로 강 중에서 불순물 원소를 제거하는 것도 강화 목적에는 효과가 크다. 예를 들면 유황은 미량이라도 고온강도를 저하시키고, 수소, 질소, 산소 및 탄소는 강이 저온에서 푸석해지는 주원인이다. 이들을 가능한 한 제거한 고니켈강이나 크로뮴니켈강은 북극지방이나 우주공간의 극저온에서도 소성을 갖는다. 합금강의 가공과 강화는 다음과 같이 행한다.

우선 소재를 가열하여 고용체를 만들게 하고, 다음은 염욕로

(Salt Bath) 등을 써서 300~550℃ 부근까지 급랭한다. 이 온도에서는 마르텐사이트는 생성되지 않으며 감마 구조 그대로이다(합금화에 의하여 감마철이 안정한 온도 영역이 변화한다). 이 온도에서 압연, 프레스 등의 소성 가공을 행하고 마르텐사이트를 발생시킨다. 열간가공으로 감마철이 이미 미세화 된 상태에서 다시 미세한 마르텐사이트 결정이 생성된다. 이와 같은 결정의 미세화는 강의 강도를 크게 증진시킨다.

여러 종류의 강은 위에서 말한 300~550℃에서도 충분히 연해지지 않고 소성 가공이 곤란한 경우가 있다. 그때는 800~900℃에서 열간 가공을 하고 다음은 같은 방법으로 급랭시킨다. 앞에 말한 방법에 비하여 소성 변형에 의한 미세화의 효과가 고온이기 때문에 감소되지만 같은 이치로 강의 강도와 가소성을 증가시키며, 저온 취성이나 응력 집중에 대한 감도(感度)를 줄인다.

이와 같은 열역학적 처리에 의하여 강의 강도를 1㎟ 당 300kg까지 높일 수 있다. 이 값은 최근까지 가장 강인하다고 하는 구조용 강의 1.5~2배에 달한다. 학자들은 다시 연구를 계속하여 가까운 장래에 1㎟ 당 700kg의 강도의 강의 생산을 목표로 하고 있으며, 그것도 결코 '극한'은 아니다.

'철과 같은'이란 말은 장난으로 강하다는 밀과 동의이기 된 것이 아니고, 그 진화의 가능성을 나타내고 있다. 레닌이 이 금속을 지칭하기를 "문명의 기초의 하나"라고 한 것은 당연하며 현대에 있어서 그것은 과학 기술의 가장 중요한 재료를 제공해 오고 있다.

6장
하늘의 정복자

가볍게 가볍게, 더욱 가볍게

영국의 비행기 기사 존 윈펜은 1년 반 이상이나 엄격한 영양 관리 하에 사이클링 페달로 다리를 훈련시키고 있었다. 자전거 경주에서 우승하고자 한 것은 아니다. 그의 계획은 체중에 대한 다리의 힘을 최대한으로 높이는 것이었다. 드디어 1962년 존은 그 다리로 900m를 날아 세계 기록을 세웠다. 이미 제트기 시대인 그 때에 그는 엔진이 없는 비행기 '바휜'호의 프로펠러를 자전거와 같이 다리로 돌려 하늘을 날은 것이다.

사람에게는 날개가 없으며, 만일 그것을 만들어 달아도 날지 못함은 변함이 없을 것이다. 인간의 완력은 자신을 하늘로 올리기에는 역부족이다. 다이달로스와 이카루스의 이야기(날개를 만들어 하늘로 날아올랐으나 태양신의 노여움을 사서 불에 타 죽었다)는 단순한 그리스의 신화에 불과하다.

생물은 그 크기가 커짐에 따라 근육의 발달이 체중보다 늦어진다. 개미의 비근력(체중에 대한 근력)은 인간에 비하여 대단히 크며 코끼리는 작다.

"인간에게는 날개가 없고 비근육은 새의 70분의 1밖에 안 된다……. 그러나 인간은 근육의 힘이 아니고 지혜의 힘으로 날 수 있게 될 것이다"라고 러시아 항공의 아버지 N. S. 주코프스키는 말하고 있다. 결국 인간은 하늘을 날고, 새보다 높고, 빠르고, 멀리 날게 되었다. 그것이 가능하게 된 것은 현대의 항

공용 엔진의 비출력(비근력과 같이 중량당 마력)이 우수한 스포츠맨의 200배 이상으로 크게 되었기 때문이다.

그러나 비출력의 문제는 오늘날에도 대단히 중요하며 모든 항공 기관계 기사들은 여분의 1㎏을 줄이기 위하여 불철주야로 고군분투를 하고 있다. 항공기 재료에 요구되는 것은 단순한 강도가 아니고 비강도, 즉 중량 1㎏ 당 강도이다. 항공기 재료는 강도와 가벼움을 동시에 갖고 있지 않으면 안 된다. 초음속 비행에서는 빗방울이라도 큰 피해를 줄 수 있으며, 공기는 만일 비행기에서 손을 내민다면 순간적으로 칼로 자른 것같이 자를 수 있는 압력을 갖는다. 항공기 엔진용으로 사용될 재료들은 더 큰 요구가 나오는 것도 당연한 일이다.

처음으로 하늘을 날은 금속

알루미늄은 초기의 비행기의 나무 조립품을 대신하였으며, 다음은 날개나 동체의 헝겊 피복물을 대체했다. 현금의 비행기의 실 중량(연료를 제외하고)에 대한 알루미늄의 비율은 3분의 2에서 4분의 3에 이르고 있다.

알루미늄의 비중은 2.7(g/㎤), 철의 약 2.5분의 1이다. 순알루미늄은 고도의 소성이 있으며 압연, 형단조, 프레스 성형이 용이하다. 이 원소는 극히 화학적 활성이 커서 공기 중에서도 탄다. 그럼에도 불구하고 냄비나 그 외의 알루미늄 제품이 자연 발화하지 않는 것은 금속 표면에 대단히 짧은 산화물 막(두께 0.001mm 정도)이 존재하여, 그것이 금속을 강고(彈固)하게 보호하고 있기 때문이다. 안정한 산화물 막의 의의는 대단히 크다.

한편 알루미늄은 열과 전기의 양도체이다. 전기 전도율은 은, 구리, 금, 알루미늄의 순이나, 비전도도를 보면 알루미늄이 수위에 속한다. 그것은 이 금속이 가볍기 때문이다. 주기율표상에서 제13호의 이 금속은 정말로 행복한 성질을 갖고 있으며, 그 매장량은 사실상 무궁무진하다.

순알루미늄은 너무 연해서 그것이 구조 재료로 쓰이려면 상당한 강도가 있는 합금으로 할 필요가 있었다. 이 과제에는 많은 학자가 참여하여 해결을 얻었으나 그 중에서도 독일의 알프레드 위르므의 업적이 크다.

그는 막대한 수의 실험을 행하고 구리와 마그네슘의 일정량을 첨가하면 강도가 3~5배로 증가하는 것을 발견했다. 이것만 해도 당시에 대단한 발견이었으나, 그는 이 합금을 여러 가지 열처리

(예를 들면 담금질)함으로 강화하려 하였다. 위르므는 500℃까지 가열했다가 수냉 담금질을 하고, 재료 시험기를 갖고 계측했다. 확실히 담금질을 한 재료는 담금질을 하지 않은 것보다 강하게 되었다. 그러나 그 강도를 측정하니 웬일인지 측정치가 점점 변화하여 일정하게 나오지 않았다. 위르므는 이것이 모두 계측 기의 고장 때문인 줄 알고 계측기를 수리하도록 보냈다. 며칠 후 기기가 수리되어 돌아왔다. 그것을 이용해 측정해보니 놀랍 게도 합금의 강도가 거의 배로 증가하였다.

하지만 그렇게 큰 측정차를 낼 정도로 측정을 잘못했을 리가 없었다. 그는 새로 실험을 반복하여, 담금질한 후 5일 내지 7 일 사이에 강도가 점점 증가하여 결국 2배 가까이까지 도달하 는 것을 알게 되었다.

강의 풀림에 비슷한 현상이 일어나 위르므의 합금에도 미세 한 결정이 발생하여 그 강도가 증가한 것이다. 이와 같이 재료 를 일정한 조건에 보지(保持)하여 강도의 증가를 기다리는 과정 을 '에이징(Aging: 나이를 먹는다는 의미)'이라 하며, 이것은 나이 를 먹음으로써 유리하게 되는 특별하고 드문 경우이다.

수백 회의 실험을 반복하여 그는 가장 좋은 합금 조성과 열 처리 방법을 발견했다. 그는 이것으로 특허를 받아 독일의 한 회사에 팔아 버렸다. 그 회사는 얼마 후 '두랄루민(단단하고 견 고한 알루미늄)'의 이름으로 이 합금을 생산하기 시작했다. 이처 럼 알루미늄 합금의 대다수는 강도면에서 중합금강에 뒤지지 않는 것이 되었다. 특히 이들은 극저온에서도 강도를 잃지 않 는 이점이 있다.

알루미늄의 용도는 실로 광범위하며 미국의 통계에 의하면

알루미늄 용기가 비타민을 잘 보존한다는 것은 의외다!

2,000여 종의 제품이 만들어진다고 한다. 물론 인공위성이나 로켓에도 사용하여 우주를 날은 최초의 금속의 하나가 되었다. 이 금속으로 철도 차량, 수중익선, 미국의 잠수함 '아루미노트'도 만들어졌다. 프랑스에서는 50,000톤의 여객선도 만들었으며, 전장 315m의 선체는 물론 내장품도 전부 알루미늄으로 만들었다. 건축 재료로서도 지붕, 외벽, 창틀에 대량의 알루미늄 제품을 쓰고 있다. 이 금속은 화학 공업(유산 및 유기화합물 제조용)에도, 전기, 무선 공학에도 사용된다. 또한 액체 산소용 탱크, 자동차 부품, 가구류가 이것으로 만들어진다.

알루미늄은 불꽃을 내지 않으므로 발화하기 쉬운 물질이니 폭발물의 보존 설비에 최적의 금속이다. 또한 이 금속의 박막을 천 위에 피복하면 우수한 열(자외선)의 반사체가 된다. 이러한 천은 소방수의 방화복도 되고, 제강 공장에서 작업복으로도 사용되고 있다. 천의 사용 방법을 역으로 사용하면 내부의 열을 밖으로 잃지 않으므로 북극 탐험가들의 방한복으로도 유용하다. 물론, 이들의 단열 효과는 가옥의 온도 조절에도 이용된다.

알루미늄의 용기는 식품 중의 비타민을 잘 보존한다. 따라서 식품 공업용의 용기류, 우유 수송용 탱크, 식당의 용기 등은 알루미늄이 최적이다.

'거품 알루미늄'은 충분한 기계적 강도가 있어 건축용 재료로써 기대된다. 이 금속으로 만든 관, 건설용 기재, 식품용의 박판(포일: foil)과 포장용 끈의 생산도 해마다 증가하고 있다.

이상과 같이 광범위한 이용이 가능하게 된 것은 그 생산 가격이 과거 100년 동안에 1,000분의 1로 싸게 되었기 때문이며, 만일 앞으로 이 값을 10분의 1로 더 내릴 수만 있다면 철강을 제치고 미래 문명의 새로운 기초의 하나가 될 가능성이 있다.

"알루미늄에는 위대한 미래가 있다"라고 한 체르누이 셰프스키의 예언은 이제야 실현되기 시작했다.

알루미늄보다 가벼운

알루미늄이 금속 중 제일 가벼운 것은 아니다. 마그네슘의 비중은 $1.738(g/cm^3)$ 베릴륨의 비중은 $1.82(g/cm^3)$이다.

마그네슘은 은백색이며 화학적으로 극히 활성인 금속이다. 이 금속이 공기와 접하여 연소하지 않는 것은 표면의 산화물 박막이 보호하고 있기 때문이며, 가열하면 갑자기 눈이 부실 정도의 흰 불꽃을 내며 탄다.

마그네슘은 주로 경합금의 구성 성분으로서 쓰이고 있다. 그 일부 예를 들면 리튬과의 합금은 물보다도 가볍다. 외국에서는 항공기의 일부분, 엔진 부품까지도 마그네슘 합금으로 만들고 있고, 미국의 로켓 '아트라스'나 '타이탄' 그 외의 인공위성에도 이 합금을 많이 사용 하고 있다. 마그네슘의 비열은 철보다 2.5배 크다. 이것은 같은 열량을 흡수하더라도 온도의 상승이 2.5배 작은 것을 의미한다. 그래서 가벼운 마그네슘 합금을 로켓에 사용했을 때도 단시간의 비행에는 합금의 융점이 낮음에도 불구하고 그 온도까지 온도가 상승하지 않는다. 또한 이 합금으로 기계가공이 불필요할 정도로 정교한 부품의 주조가 가능하다.

지각* 내에 매장된 마그네슘의 양은 아주 많으며, 알루미늄과 철의 양보다 적을 뿐이다.

다음으로 베릴륨은 아주 흥미로운 금속이다. 우선 융점은 1,284℃로 높고, 유리를 절단할 수 있을 만큼 단단하다. 알루미늄의 융점은 658℃, 마그네슘의 융점은 651℃로 낮고, 모두 연한 금속이다. 그러나 베릴륨은 단단하며 가볍고 강함을 겸비했다. 그 강도는 대부분의 특수강보다도 크며, 500~600℃까지는 비강도**가 어떠한 구조용 재료보다도 높다.

또한 700~800℃까지 내열성이 있으며, 그 경도는 강재의 1.5배, 알루미늄의 4배나 된다. 베릴륨은 강이나 기타 금속의 우수한 탈산제이며, 용융 금속 중의 신소, 유황, 인 등 기타 물질과 결합하여, 이들을 제거하여 금속을 친전하게 한다. 그리고 베릴륨은 타금속과 용이하게 합금을 만들고 부가하여 경도와 강도, 내열성, 내식성을 갖게 한다. 예를 들면 표면처리에 의하

---

* 편집자 주: 지구의 바깥쪽을 차지하는 부분. 대륙 지역에서는 평균 35km, 해양 지역에서는 5~10km의 두께이다.
** 편집자 주: 재료의 강도를 비중량으로 나눈 값

여 베릴륨을 입힌 강의 표면은 800℃가 될 때까지 경도를 잃지 않으며, 해수나 초산내에서도 안정하다. 이 금속은 이미 미국의 우주선의 선체나 밑 부분에 사용되어 그 중량을 대략 반감할 수가 있었다. 그 열전도도는 강의 7배나 되며 비열은 금속 중에서 가장 크기 때문에 항공, 우주용으로 기대가 되고 있다. 보통의 강으로 스프링을 만들면, 80만~85만 회의 충격에 부러지고 말지만, 베릴륨제의 스프링은 200억 회 이상의 충격에도 견딘다. 사실상 영원한 내구력이 있다고 할 수 있다.

또한 베릴륨을 2~3% 첨가한 청동은 고온, 고압하에서 장시간 사용할 스프링이나 치차(齒車: 톱니바퀴), 베어링, 금형 등 중요한 부품을 만드는 데 있어서 최적의 재료이다.

원자력 공업에 있어서도 X선 기기나 음극 방전관의 제작에 있어서도 베릴륨의 역할은 다른 금속으로 대치할 수 없는 것이다. 베릴륨의 산화물을 첨가하면 자외선이나 적외선을 통과시키는 특수 유리를 만들 수 있다. 이처럼 베릴륨의 용도는 빠르게 확장하고 있다. 그러나 이 굉장한 금속에도 중대한 결함은 있다.

첫째, 단단하고 푸석하며, 가공이 곤란하다. 통상의 가공법이 적용되지 않기 때문에 분말야금법으로 필요한 모양으로 만들어야 한다. 둘째, 독성이 극히 강하여 괴양 종기, 중독증의 원인이 된다. 따라서 가공시에는 특수한 방호복을 입어야만 한다. 이상의 결점은 생산 가격을 상승시키기는 하지만 현대의 공업에서 의의가 대단히 크기 때문에 베릴륨의 생산량은 최근 몇 년 동안 급격히 증대하고 있다.

타이타늄, 그 이름이 말하는 것

타이타늄*의 내화학성은 아주 대단하다. 이 금속은 해수나 습기에 침식당하지 않을 뿐만 아니라 유산, 초산, 염산, 금까지도 용해하는 '왕수'에도 견딘다. 이 경이한 내약품성은 그 표면을 덮고 있는 산화물 박막이 극히 큰 안정성과 강도를 갖고 있기 때문이다.

타이타늄의 비중은 4.5(g/㎤)로 알루미늄보다 40% 크나, 강도가 약 6배나 되어, 비강도로 고치면 더욱 크게 된다. 그 융점은 1,680℃로 알루미늄에 비해 아주 높다. 타이타늄의 지하 매장량은 아주 풍부하여 구리, 크로뮴, 니켈, 아연, 망가니즈, 비스무트, 납, 텅스텐, 수은, 주석, 몰리브데넘, 안티모니를 총망라한 매장량보다도 많다. 그러나 광석에서 금속 타이타늄을 얻기는 대단히 힘들다. 오늘날에도 그 생산 기술은 상당히 복잡하여 이 금속의 가격은 아직도 고가이다.

학자들은 생산 공정의 간략화와 비용 절감을 목표로 연구를 계속하고 있으나, 그 생산 신장은 이상할 정도로 급속하며, 알루미늄이 증산된 속도보다 3배나 빠르다. 그러나 이 훌륭한 금속에의 기대가 급속히 확대되기 때문에 이 현상도 그리 놀랄 만한 것은 아니다. 항공기나 로켓의 표면은 초음속 비행 중에는 이주 강한 열이 가해지므로, 두랄루민은 300℃에서 강노가 저하되어 사용할 수가 없다. 음속의 2배, 3배의 속도를 낼 수 있게 된 것은 타이타늄의 사용으로 비로소 가능하게 된 것이다. 초음속 비행기의 구조 중량의 10%, 엔진 중량의 20%까지

---

* 편집자 주: 그리스 신화에 나오는 신의 이름이며, 강하고 거대하며 강력한 힘을 가진 신

이 금속이 점유하고 있다. 미국의 우주선 '메리크리'나 '제미니'의 캡슐 골조와 내외 피복도 타이타늄 합금제이다.

항공기가 가벼워지면 같은 엔진 출력으로 보다 많은 여객을 나를 수 있다. 이 금속은 음속에 가깝게 나는 대륙 간 여객기에 널리 사용되고 있다. 타이타늄은 해수에 의하여 부식되지 않으며 선박의 선저에 붙는 조개류가 부착되지도 않는다. 따라서 장래의 대형선이나 잠수함용으로 가장 기대되는 재료라고 할 수 있다.

또한, 이 금속은 화학 장치용으로도 뛰어난 성능을 갖고 있다. 타이타늄제의 반응 용기, 펌프, 배관 등은 스테인리스 제품보다 15~20배의 내구성이 있다.

예를 들면, 아염소산염을 다루고 있는 장치의 스테인리스 강제 밸브는 통상 1주일밖에 견디지 못하나 타이타늄제로 하면 동일 조건에서 3년 간 사용하여도 신품과 같이 보인다. 밸브 교환의 노력과 연속 조업이 중단되어야 하는 불리함을 고려할 때 타이타늄 자체의 값은 결코 싸지 않지만 결국은 타이타늄제가 더욱 경제적인 것이다.

베레스니코프 마그네슘 곤비나트에서는 타이타늄제의 200m나 되는 통풍관을 쓰고 있다. 통상 이와 같은 관은 철근 콘크리트제로 내부에 내화 벽돌을 깔아 중량이 4,500톤이나 된다. 이에 비하여 타이타늄 관은 200톤이며 더욱 중요한 것은 100년의 내구성을 갖고 있다는 것이다.

고가의 이 금속을 절약하기 위해서 강판 위에 타이타늄을 피복한 재료(라이닝 판, 그랏드 판)가 화학 공장에서 많이 쓰이고 있다. 타이타늄의 비중은 스테인리스 강의 절반 정도이나 강도면에서는 뒤지지 않는다. 또한 그 합금의 일부는 대단히 큰 강도를 나타낸다. 그러나 타이타늄 합금의 개발은 이제 시작이며 주된 발견은 앞으로 나타날 것이다. 오늘날에도 타이타늄은 고가의 금속이다. 만일 이것을 철과 비슷한 정도의 가격으로 얻을 수 있다면, 이 금속은 틀림없이 미래 문명의 기초를 이어갈 물질이 될 것이다.

우주선의 연료로서

2차 세계 대전 중에는 다량의 소이탄(낙하지점에서 발화하여 주위에 화재를 일으킨다)이 폭격기에서 투하되었다. 여기에는 많은 경우 텔밋(마그네슘과 알루미늄의 분말에 산화제를 가한 것)이 사용되었다. 텔밋은 연소하면 3,000℃ 이상의 온도가 된다.

전쟁이 끝나고, 이 '방화자' 금속들은 평화 속에서 새로운 일을 찾았다. 즉 우주 로켓용의 우수한 연료가 된 것이다.

금속의 연소열은 대단히 크다. 예를 들면 석유와 산소의 혼합물 1kg의 연소열은 2,200kcal이며, 수소와 산소의 조합은 3,000을 조금 넘는 열량이 얻어진다. 이에 반하여 알루미늄과 산소의 혼합물로는 7,040, 리지움은 10,270, 베릴륨은 15,050 kcal의 열이 방출된다.

이처럼 금속은 좋은 로켓 연료가 된다. 분명히 수소 1kg을 연소시키면 같은 양의 알루미늄을 연소하는 것보다 큰 열량이 얻어진다. 그러나 문제는 수소 1kg을 연소시키려면 8kg의 산소가 필요한 것이다. 양자를 합하면 연료의 중량은 9kg이 된다. 이에 비하여 알루미늄 1kg의 연소에는 0.9kg의 산소만을 요구할 뿐, 부피가 제한된 우주 로켓에 싣는 데는 단연코 알루미늄 등의 금속이 유리하다.

이와 같이 금속을 연료로 하는 아이디어는 결코 새로운 것은 아니며, 이미 1916년에 러시아의 발명가 곤도라초그에 의하여 제안되고 있다.

러시아의 유명한 로켓 제작자 츠안델은 이 아이디어를 살려서 로켓의 연료용기 그 자체까지도 연소시켜 추진력으로 사용하는 것을 고안하여 이미 실용 단계에 다다르고 있다.

이와 같이 금속은 하늘을 날려는 인간의 꿈을 실현시켰을 뿐만 아니라 인류의 역사에 신시대를 가져다 준 우주선의 연료도 된 것이다.

7장
원자력 발전소의 금속

원자 폭탄의 탄생

미국의 유명한 공상 소설가 로버트 A. 하인라인은 그의 소설 『불운한 결정』에서 국가의 중대 기밀을 누설하였다 하여 FBI의 조사를 받았다. 그는 그 소설에서 우라늄 235를 이용한 원자 폭탄의 구조를 상세하게 기술하였고, 그것을 2차 세계 대전에 이용하는 계획까지도 써 넣었다.

하인라인은 투옥될 뻔하였으나 그 소설이 1941년에 발간되어, 그 전 해에 아직 원자 폭탄은 생각도 하지 않을 때 집필한 사실이 밝혀져서 무죄 방면이 되었다. 또 한 사람의 미국인 작가 칼 토마도 1944년 출판된 단편 소설 『죽음의 마루』 중에 원자 폭탄의 제조법을 제법 정확하게 서술하고 있으며, 같은 이유로 FBI의 조사를 받았다.

엄중히 지켜진 군사 기밀을 공상 작가들이 어떻게 밝혀 낼 수가 있었는가? 그리고 그들이 어떻게 원자 폭탄의 가능성을 생각해 냈는가? 당시 압도적인 다수의 학자들은 그것이 거의 불가능하거나, 또는 먼 장래의 일로 밖에 생각하지 않았다. 유명한 핵물리학자 어니스트 러더퍼드 자신도 "핵 물질을 대량으로 손에 넣는 것을 논하는 것은 바보 같은 일이다"라고 말하고 있다. 닐스 보어도 알베르트 아인슈타인도, 그 외의 대학자들도 대략 같은 의견이었다. 그러나 그들은 결코 회의론자는 아니었고, 인류의 지식에 한계를 두지도 않았다.

1938년 말 독일의 화학자 오토 한(Otto Hahn)과 슈트라스만 (Strassmann Fritz)이 우라늄의 분열을 발견했다. 이 현상의 의미를 1939년 초에 독일 나치에서 망명한 과학자 L. 마이도나와 그의 조카 O. 후리시우가 설명하는 데 성공하였다. 동시에 프랑스에서는 프레드릭 조리오 퀴리가 같은 결론에 도달하고 있었다.

1939년 4월 30일 어떤 미국의 신문에 다음과 같은 기사가 게재되었다.

"코펜하겐 출신의 닐스 보어 박사의 발표에 의하면 느린 중성자가 우라늄 235 동위체에 충돌하면 연속적으로 원자 폭발을 일으킨다. 그 위력은 반경 수십 마일 내에 있는 연구소나 건조물을 전부 공중에 분산시킬 정도로 거대할 것이다."

1939년 1월의 하루, 캘리포니아 대학 구내에서는 우스운 광경을 볼 수가 있었다. 이발소에서 머리를 절반만 깎은 남자가 목에는 흰 천을 두른 채로 신문을 흔들며 뛰어나왔다. 미국의 물리학자 루이스 알바스는 그날 아침 이발을 하면서 무심코 신문을 보다가 "우라늄이 두 개로 분열한다"라는 기사를 보자마자 돌연 일어나 길로 뛰쳐나와 곧 바로 연구실로 뛰어 들어갔다. 이것을 본 동료들은 놀란 것은 물론, 이 기사의 중대함은 정말 놀랄 만한 일이었다. 그 후 얼마 안 되어 이와 같은 놀라운 기사가 신문에 다시는 나오지 않게 되었다. 이 분야의 연구에 관한 보도는 엄중한 검열 하에 금지되었기 때문이다. 이 책의 독자에게도 진상을 분명히 하기 위하여 원자 물리학의 분야까지 설명을 약간 후퇴시킬 필요가 있다.

'아톰(Atom)'은 그리스어로 분할되지 않는다는 의미다. 그러나 1896년 프랑스의 앙리 베크렐이 방사능을 발견하여 원자가 결코 그 이상 나눌 수 없는 극한 입자가 아님을 나타냈다. 핵분열이 일어나면 원자는 다른 원소로 변환되고 동시에 거대한 에너지를 발생한다. 라듐 1g은 그 방사능으로 한 시간당 136kcal의 열을 발생하고 있다. 지금 1톤의 라듐 덩어리가 있다고 하자. 그것에서 발생하는 열량은 수백 마력에 상당하게 되며, 사실상 반영구 엔진을 만들 수 있다. 왜냐하면 라듐의 방사능은 1590년이 되어야 겨우 반감하기 때문이다.

원자의 내부에 막대한 에너지가 숨겨져 있다는 사실을 알고 많은 학자들은 이 에너지를 어떻게 뽑아내어 제어하는가 하는 데 모든 노력을 쏟아부었다. 러시아의 학자인 베르나드스키는 이미 1910년에 "원자 에너지가 시대와 더불어 세계에서 가장 강대한 힘이 될 것이다"라고 예언하였다. 그러나 이 거대한 힘이 동시에 파괴와 살인에 쓰일 위험이 있음을 당시의 사람들은 인식하고 있었다. 조리오 퀴리는 그의 부인 마리아와 같이 노벨상을 받을 때 다음과 같이 말했다. "라듐이 죄인의 수중에 들어가면 극히 위험한 것이 될 것이다. 자연의 비밀을 안다는 것이 정말로 인류를 위하는 것인가? 인류는 그것을 진실로 바르게 이용할 정도로 성숙한가?" 그의 걱정은 후에 현실 문제로 대두되지만, 여기서는 방사능의 연구에 관한 화제로 돌리기로 하자.

방사성 원자핵이 붕괴하면 α선, β선 그리고 γ선이 방사된다. α선은 헬륨의 원자핵(두 개의 양자와 두 개의 중성자)이며, α붕괴가 일어나면 질량수 A, 원자 번호 Z의 원소의 원자핵은 멘델레예프 주기율표상에서 순번이 두 개 앞의 원소의 원자핵으로 전환된다. β선은 고속의 전자이나, 전하의 부호에 의하여 플러스 β 붕괴와 마이너스 β 붕괴로 나누어진다. β선의 방출에 있어서는 질량수 A는 변치 않고, 원자 번호 Z의 원소의 원자핵은 플러스 β 붕괴(양전자의 방출)로 원자 번호가 하나 적은 원소의 원자핵이 된다, 마이너스 β 붕괴에 의하여 원자 번호가 하나 많은 원소의 원자핵으로 전환한다. γ선은 원자핵에서 나오는 전자파로 질량수 A와 원자 번호 Z도 변화하지 않는다. γ선은 일반적으로 β 붕괴에 수반하여 방출된다.

이들의 붕괴는 모든 것이 일정 속도로 일어나며, 온도나 압력, 화학 처리 등으로 붕괴 속도를 바꾸는 것은 불가능하다. 방사성 원자의 수가 반으로 줄어드는 데 필요한 시간으로 이 속도를 표시하며, 그것을 '반감기'라 부른다. 예를 들면 토륨

1.39×10^{10}년, 우라늄 4.59×10^9년, 플루토늄 2.43×10^4년, 라듐 1.59×10^3년으로 되어 있으나 104번 원소 쿠루차토븀(Rf, Unq)의 반감기는 놀랍게도 0.2초로 아주 짧다.

이와 같은 붕괴를 반복하며 방사성 원소는 결국 비방사성의 납이 되고 만다. 그러나 라듐은 왜 원자 연료가 되지 않았는가? 물론, 라듐이 대단히 귀한 금속으로 그 제련과 취득에 막대한 경비가 필요한 것은 사실이나 가장 중요한 점은 그 핵분열 속도를 인간이 제어할 수 없기 때문이다. 라듐의 붕괴 속도는 빠르게 할 수도 느리게 할 수도 없다. 그러면 인공적으로 핵분열을 일으키려면 어떻게 해야 하는가? 이론적 연구의 성과에서 예를 들면 프로톤(proton: 양자 즉 수소의 원자핵)이나 α입자(헬륨의 원자핵)를 방사성 원자핵 안으로 때려 넣을 수 있으면 핵분열이 가능하게 된다는 것은 알려져 있다. 만일 그러한 일이 가능하게 된다면 '비방사성 원소를 방사성 원소로 변환'할 수도 있을 것이다.

이러한 사고를 기초로 하여 여러 가지 실험이 이루어졌다. 예를 들면, β선과 α입자를 자연적으로 방사하고 있는 방사성 원소와 비방사성 원소를 공존시켜, 새로운 방사성 원소가 태어난다고 예상했다. 그러나 실험 결과는 이주 부정적으로, 타원소의 원자핵에 때려 넣는 데는 입자의 에너지가 너부나도 적다는 것을 알아냈을 뿐이었다. 다음은 프로톤이나 α입자를 특별한 가속기로 속력을 붙여, 대포같이 다른 원소를 향하여 쏘아 넣는 방법이 계획되었다. 그러나 이 대포의 명중률은 매우 나빠서 100만 발에 한 발의 비율로 원자핵에 명중되는 것이었다.

같은 양전하를 갖는 원자핵들은 서로 반발한다. 그 힘을 극복하고 원자핵에 입자를 때려 넣으려면 대단히 큰 에너지가 필요하며, 그것도 핵에 직접 명중시켜야 한다. 대부분의 입자는 핵에 도달하기 전에 튕겨나오든가, 옆으로 스쳐 가든가 해서 명중하는 일이 거의 없다. 만일 이러한 방법으로 핵분열을 일으켰다고 해도 입자를 가속시키는 데 필요한 에너지와 비교해 보면 조금도 득이 안 되었다. 그러한 이유에서 이 방법도 못쓰게 되었다.

그러나 어떤 방사성 원소가 방출하는 중성자를 핵에 충돌시켜 보니 그것이 전하를 갖고 있지 않기 때문에 어렵지 않게 원자핵의 내부에 침입하여 분열을 일으킨다. 그러나 어떻게 하면 중성자를 많이 만들어서 핵분열의 속도를 올릴 수 있을까? 1939년대까지 학자들은 그 방법을 몰랐었다. 그들은 원자핵 에너지가 급속히 이용될 가능성에 대하여 회의적이었다. 그러나 한과 슈트라스만의 발견은 사정을 바꾸어 놓았다. 우라늄 235의 핵은 중성자가 뛰어들면 타원자핵과는 전혀 다른 붕괴 형태를 나타냈다. 즉, 그 질량의 화(和)가 우라늄의 질량과 거의 비슷하게 되는 두 종류의 원자핵, 예를 들면 바륨과 크립톤, 브로민과 라돈과 같이 분열하여 이 때 여러 개의 중성자를 새로이 방출한다. 그러면 분열이 일어날 때마다 중성자가 증가한다.

여기서 원자핵의 성립에 관하여 조금 더 설명을 하자. 핵 안의 양자는 모두가 양전하를 갖고 있으나 이미 설명한 바와 같이 동일 부호의 전하는 서로 반발한다. 중성자는 이것을 단단히 결합하여 원자핵을 구성하고 있으며, 양자의 수(원자 번호와 같음)가 증가하면 그것을 결합하기 위하여 보다 많은 중성자가 필요하게 된다. 예를 들면 헬륨의 원자핵은 양자 두 개와 중성자 두 개로 구성되는데, 우라늄이 되면 양자 92개에 중성자는 더욱 많은 143개가 있다. 여기서 우라늄 원자핵이 두 개의 작은 핵으로 분열하면 양자수 대 중성자 수의 균형이 깨져서 몇 개의 중성자만이 남게 된다는 것이다.

이 중성자를 써서 다음 우라늄의 핵을 분열시키면 핵분열의 속도는 얼마든지 올릴 수 있다. 학자들은 분열할 때의 에너지는 우라늄의 경우 대단히 크므로 원자 폭발도 가능하다는 것을 이해했다. 이것이 최초에 논술한 사건의 배경이다. 그러나 실제로 원자 폭탄을 만들어 내는 데는 아직 갈 일이 멀었다.

첫째, 우라늄 235의 덩어리가 너무 작으면 애써 발생시킨 중성자가 타원자핵을 만나기 전에 덩어리 밖으로 뛰쳐나간다. 핵의 부피는 원자 전체의 부피 중에 아주 적은 부분을 점유하고 있기 때문이다. 중성자가 조만간에 핵에 명중하여 다음 분열을 일으키도록 하려면 일정 부피(즉 일정 중량)의 우라늄 235를 모으지 않으면 안 된다. 이와 같이 핵분열을 연속하여 일으키는 최저 질량을 '임계 질량'이라 한다.

둘째, 천연에 존재하는 우라늄에는 질량수 235의 동위체가 0.714% 밖에 포함하지 않고 그 대부분이 우라늄 238이다. 따라서 대량의 천연 우라늄을 처리하여 우라늄 235만을 농축하여 앞에서 설명한 것과 같이 어느 성도의 양을 축적하시 않으면 원자 폭발은 일어나지 않게 된다.

이러한 어려운 문제들이 해결되었을 때 비로소 초기의 원자 폭탄이 만들어질 수 있었다.

그런데 이상의 설명에서는 방출된 중성자가 분열이 일어나는 방법에 따라 큰 속도의 차가 발생한다는 것에 대하여 언급하지

우라늄도 카멜레온 금속

않았다. 아주 큰 속도의 중성자는 그 에너지는 크지만 다른 핵에 잘 명중하여 다음 분열을 일으킬 확률(흡수 단면적)은 비교적 적게 된다. 우라늄 235의 핵을 제일 잘 분열시키는 것은 그 속도가 공기 분자의 열운동과 비슷한, 즉 열중성자이다. 중성자의 이용 효율을 올리려면 고속 중성자를 어떠한 방법으로든 감속시켜 열중성자로 만들 필요가 있다. 이 목적으로 탄소나 중수소가 사용된다. 이들의 원자핵은 그 질량이 적기 때문에 중성자가 충돌했을 때에 감속 효과가 크다. 그러나 보통의 수소는 중성자를 흡수해 버리므로 쓸 수 없다.

중간 정도의 속도를 갖는 일부의 중성자는 앞에서 필요 없다고 한 우라늄 238의 원자핵에 흡수된다. 이 경우는 분열을 일으키지 않고 93번 원소인 넵투늄이 된다. 이것의 원자핵은 불안정하여 수일 후에 94번 원소인 플루토늄의 원자핵으로 변환해 버린다. 플루토늄은 우라늄 235 같은 핵분열을 일으키므로 원자 연료나 폭탄으로 쓸 수 있다.

이 원리를 이용한 것이 소위 증식로로써 천연 우라늄을 모두 원자 연료로 전환할 수 있는 것이다. 그러면 원자 폭탄과 원자로 연료의 주역에 대하여 간단히 살펴보자.

순수한 우라늄은 백은색으로 외관은 강을 방불케 하는 연한 금속이다. 그 비중은 주석보다 80%나 크며, 철의 2.5배로 아주 무겁다. 우라늄은 화학적으로 극히 활성이며 실온에서 물과 반응한다. 가열하면 연소하며 모든 비금속 원소나 많은 금속과도 쉽게 반응한다. 따라서 고순도 우라늄은 진공중이나 또는 비활성 기체 내에서 취급해야 한다.

원자로 연료용의 우라늄은 부식을 막기 위하여 알루미늄이나 지르코늄으로 피복한다. 우라늄은 카멜레온 금속으로, 변태할 때마다 그 부피가 크게 변한다. 1차 변태는 662℃에서 일어나지만 연료봉을 파손하지 않기 위해서는 원자로를 이 온도 이하에서 운전하는 것이 필요하게 된다.

원자로 안에서 처음으로 플루토늄이 얻어진 것은 1940년으로서 1942년에는 이 금속이 0.5㎎만이 얻어진다. 그 후 이 원소의 성질은 고대부터 알려져 온 철이나 금, 구리에 못지않게 상세히 연구 되었다.

플루토늄은 광택이 있는 반짝반짝하는 금속으로서 융점은 639℃며, 이것도 카멜레온 금속이다. 플루토늄의 변태는 전부 6종류가 있으며 수의 변에서는 장뇌(積腦)에만 뒤진다. 변태와 더불어 빌노는 16.4에서 19까지 변화한다. 새비있는 것은 한 변태에 있어서는 가열하면 팽창하지 않고 역으로 수축하는 경우가 있다는 점이다.

플루토늄에는 동위 원소가 많다. 그 중 가장 수명이 긴 것의 반감기는 7600만 년에 달한다. 원자 연료로써 쓰는 것은 반감기 2만 4360년의 플루토늄 239이다. 이 금속도 화학적 활성이 극히 커서 공기에 닿으면 급속히 표면이 산화물로 덮여 버린다.

원자의 불의 제어

엔리코 페르미의 지도에 의한 최초의 공업용 원자화가 시카고 스타디움에 건설되어, 1942년 12월 2일에 기동되었다. 또한 최초의 공업용 원자력 발전소는 러시아에 건설되었으며 그 시동은 1954년 6월 27일에 보도되었다. 그러면 원자력 발전소의 심장부 원자로의 구조는 어떻게 되어 있을까? 여기서는 엄중히 불순물을 제거한 우라늄 연료가 작은 보호 원통에 넣어져서 중성자 감속제의 역할을 하는 흑연의 블록(block) 적층의 사이에 꼽혀져 있다. 원자로가 가열되어 우라늄 연료가 용해되는 것을 방지하기 위하여 발생되는 열을 연속적으로 노심부에서 뽑아야 한다. 일반의 보일러와 같이 이 목적으로 물을 쓸 수가 있다(가압수형). 그러나 열전도 효율을 올리기 위하여 고압력 하에서 운전해야 하므로 원자로의 구조는 그 만큼 복잡하게 된다.

이에 반하여, 물 대신에 액체 금속을 쓰게 되면 그 비등점이 높기(액체 나트륨은 약 900℃, 액체 리튬은 1,350℃) 때문에 가압의 필요가 없어진다. 그러나 액체 금속을 쓸 때는 새로운 어려움이 따른다. 나트륨이나 리튬은 모두 화학적 활성이 크고, 공기 중에서 연소하며, 물에 접촉해도 폭발을 일으킨다. 또한 이 액체를 취급하기 위한 용기나 파이프, 펌프 등의 부식 방지는 쉬운 문제가 아니다.

한편, 원자로가 폭주하여 폭발을 일으키지 않도록 핵분열의 속도를 엄중히 제어할 필요가 있다. 이 목적에는 중성자를 아주 잘 흡수하는 물질을 제어봉의 모양으로 하여 노의 내부에 넣는다. 여기에는 통상 카드뮴이나 하프늄이 많이 쓰인다. 제어봉이 완전히 노의 내부에 들어 있을 때는 중성자가 흡수되기 때문에 연쇄 반응이 일어나지 않는다.

제어봉을 서서히 뽑으면 일정한 곳에서 연쇄 반응이 시작되어 노의 내부의 중성자 밀도가 점점 늘어난다. 이대로 방치하면 노의 폭주—과열로 이어지므로 다시 제어봉을 내려서 중성자의 밀도가 일정하게(원자로 공학에서는 중성자 증배율이 1.0이 된다고 함) 되도록 엄밀한 제어를 하여야 한다. 이와 같이 하여 원자의 불은 '과열'이나 '방전'이 되지 않고 일정한 온도를 유지할 수 있는 것이다.

그러나 원자로의 운전에는 잊어서는 안 될 중요한 문제가 있다. 그것은 우라늄의 분열에 의하여 생기는 각종의 방사성 물질의 처리다. 말하자면 우라늄 연료의 '타고 남은 찌꺼기'가 노의 내부에 쌓이면 그 찌꺼기가 중성자를 흡수하여 연쇄 반응을 방해하는 악자(惡者)가 된다. 그래서 때때로 원자로의 운전을 중지해서 이 찌꺼기를 제거해야 한다. 이를 통해 생기는 방사성 폐기물의 문제는 원자력 에너지 이용 상 최대의 난제이다.

신문이나 잡지에 의하면 이 폐기물을 불침투성의 캡슐에 봉입하여 대양의 아주 깊은 곳에 가라앉히는 계획도 있다고 한다. 그러나 이 캡슐이 파괴되면 바다의 어류, 해조, 기타 모든 생물이 오염되어 결국은 인간의 건강을 위협할 위험이 있다. 따라서 그 외에 폐광의 지중 깊숙이 묻는다든가, 로켓으로 우주에 발사해 버리는 것을 제안하고 있다. 아직까지는 결정적으로 경제적이고 안전한 폐기 방법이 없다. 각국의 학자들은 이

근본 문제의 해결을 위해 끊임없는 노력을 기울이고 있다.

흥미 있는 것은 이와 같은 폐기물 중에는 귀금속이 들어 있다는 것이다. 플루토늄을 생산하는 증식로 안에서 플루토늄의 일부가 귀금속의 루테늄으로 변환한다. 그러나 원자로 안에서는 귀금속도 그저 평범한 방해자일 뿐이다.

어떻게 해서든지 귀금속을 합성하려던 중세의 연금술사들에게 그것을 합성하여 폐기물 취급을 하는 오늘날의 기술을 설명하여도 절대로 믿으려 하지 않을 것이다.

에너지로 인한 싸움

약 100년 전의 옛날에는 인류가 자유롭게 쓸 수 있는 에너지란 인간 자신의 근육과 가축의 힘이었다. 그리고 오직 전체의 6%만이 수차나 풍차 그리고 당시에 아직 얼마 안 되는 증기 기관에 의하여 채워졌다. 그런데 오늘날은 어떠한가? 전 에너지의 99% 이상을 어떠한 형태든 기계에 의존하고 있다.

공업 및 국민 경제의 발전에 의하여 세계의 에너지 수요는 20년마다 두 배 이상, 전력의 형태로의 수요는 4배 이상으로 증가하고 있다. 이들의 수요 급증에 응하기 위하여 에너지 생산의 문제는 빨리 해결하지 않으면 안 된다. 러시아의 서구부에서는 사용하는 에너지의 90% 이상을 석탄, 석유 또는 천연가스를 연료로 하는 화력 발전소가 공급하고 있으며 수력 발전은 적은 부분을 차지하는 데 불과하다. 그 유기연료도 얼마 안 가서 부족하게 될 것은 확실하다.

그러면 어떻게 할 것인가? 이에 대한 당연한 대답은 원자력에 의한 에너지 공급 태세를 널리 채용하는 일이다.

이 문제는 러시아의 신 5개년 계획에도 반영되어 있다. 학지들은 열중성자로에 의한 발전소를 총 출력 수십억 ㎾의 규모로 건설할 계획을 세웠으나 그 이상은 우라늄 235가 부족하다. 새롭게 확대하는 장래의 수요를 맞추려면 반드시 고속 중성자에 의한 증식로를 이용하지 않으면 안 된다. 증식로 안에서는 우라늄 238(천연 우라늄의 대부분을 차지함)이 플루토늄으로 전환되어 원자 연료가 소비되지 않고 거꾸로 증가한다. 이와 같은 고속 중성자를 쓰는 증식로의 건설도 신 5개년 계획에 포함되어 있다. 우라늄은 거의 모든 광물에 포함 되어 있으나 그 양은 극히 적다. 그것을 채취할 수 있는 광물은 제한되어 있고 세계의 생산량은 연간 수만 톤 정도이다.

그런데 방사성 원소 토륨의 원자핵은 중성자를 흡수하면 원자 연료 우라늄 233으로 전환한다. 이 동위체의 분열 성능은 우라늄 235와 동등하다. 토륨의 지하 매장량은 우라늄의 1.5배라고 한다.

우라늄과 토륨을 합하면 모든 유기연료—석유, 석탄, 천연가스, 이탄, 장작 기타—를 합한 양의 20배의 에너지가 지하자원으로 존재한다. 그러므로 인류가 에너지 기근에 닥쳐올 염려를 할 필요는 없다고 보아도 좋으나, 현재 세계 에너지 학자의 꿈은 제어된 핵융합 반응에 매달려 있다.

수소 원자핵 사이에 핵융합을 하면 우라늄의 핵분열에 비하여 여러 배의 에너지를 방출한다는 것은 알려져 있다. 그러나 핵의 융합은 간단히 되지 않는다. 우선 동종 전하의 거대한 반발력을 극복하기 위해 수억 내지 수십억도의 온도가 필요하다. 이와 같은 온도가 되어야 비로소 입자의 운동 속도가 핵 사이

원자력 발전소에서 활약하는 금속

의 반발력을 극복할 수 있을 정도로 높일 수 있기 때문이다. 더욱이 핵 내의 인력은 아주 가까운 거리에서만 작동하므로 플라스마 밀도(전자를 잃은 원자)를 아주 높이는 것도 필요하다.

비상한 고온도와 고밀도에서 일어나는 핵융합은 태양의 에너지원이기도 하다. 핵융합에 관하여 특기할 것은 유해한 방사성 폐기물을 전혀 만들지 않는다는 것이다. 연료도 수소가 주가 되므로 해수가 사용되며, 이후 반영구적으로 인류에 에너지를 보증할 수 있다. 그런 시대도 아주 먼 일이 아닌 것이다.

원자력의 제어에는

원자력 발전소용의 금속은 단순히 연료뿐만은 아니다. 우선 방사선에서 사람을 지키기 위한 방어물이 필요하다. α입자나 전자 및 γ선 등을 막으려면 납의 사용이 최적이다. 그러나 중성자선에 대해서는 두꺼운 납판도 소용이 없다. 카드뮴, 하프늄, 가돌리늄 등의 금속으로 만든 박판은 중성자선을 완전히 흡수 차단한다. 그래서 이들 금속을 써서 원자로의 제어봉이나 사고 방지 기구가 제작되고 있다.

또한 베릴륨은 중성자를 흡수하지는 않으나 감속시키는 성능을 갖고 중성자를 반사시켜 노의 중심부로 돌려보낸다. 이렇게 해서 노의 유효 부피를 적게 하고 그 온도를 높여서 핵연료의 이용 효율을 상승시킬 수 있다. 그러나 고속의 중성자를 쓰는 증식로에는 베릴륨을 쓰지 못한다. 왜냐하면 그것에 의하여 중성자가 감속하여 증식반응이 일어나지 않게 되기 때문이다.

따라서 증식로의 연료 피복에는 지르코늄이 쓰인다. 이 금속은 중성자에 대해서는 거의 작용을 미치지 않는다. 지르코늄의 우수함은 이미 1947년에 이론적으로 예언되었다. 그러나 지르코늄 광물에 필연적으로 함유되어 있는 하프늄이 중성자를 강하게 흡수한다. 지르코늄과 하프늄의 분리는 대단히 곤란하였으나 그것이 가능하게 된 이래 지르코늄의 생산은 비약적으로 증가하고 있다.

1949년부터 1959년 사이에 그 생산량은 약 1,000배나 증가하였다. 지르코늄은 부식에 특히 강하며 융점은 1,850℃로 높다. 원자 연료의 피복 재료로써 또는 노심의 냉각용 파이프로써, 이 금속은 원자력 발전에 없어서는 안 될 귀중한 성질을 갖고 있다.

귀중한 폐기물

연료 핵분열의 결과로서 생산되는 '태운 찌꺼기' 안에는 귀중한 용도를 갖는 것도 적지 않다. 예를 들면 그 강력한 방사선을 이용하여 암 종양을 치료하기도 하고, 약품이나 기구의 소독도 한다. 화학자나 생물학자는 이것을 추적자(Tracer)로 하여 생물 또는 비생물의 내부에 있어서 화학 물질의 거동을 추적하며 유기 반응의 촉진용으로도 방사선을 이용하고 있다. 공학적으로는 기계나 콘크리트 등의 내부검사에도 사용된다. 스트론튬 90을 쓰는 원자력 전지는 5년 이상의 수명이 있으며 무인 우주 로켓, 인공위성, 기상 관측소 등에 전력 공급을 한다.

유명한 코발트 60은 천연에 존재하는 코발트 59에 중성자를 쪼여서 인공적으로 원자로 내에서 만들어진다. 이것은 강력한 γ선을 방출하고 있으나 그 반감기는 5.3년이다. 코발트 60은 손쉽게 이동이 가능한 고체 방사선원으로서, 의학이나 공학에도 널리 이용되고 있다.

재미있는 사용법으로 '번개 포획기'가 있다. 사실 통상의 피뢰침은 100% 완전하다고 할 수 없다. 때로는 높은 빌딩이나 TV탑의 피뢰침에 상관없이 아래쪽의 광장에 서 있는 사람들을 직접 공격하기도 한다. 이런 때에 피뢰침의 끝에 소량의 코발트 60을 붙여 놓으면 그 방사선에 의하여 주위의 공기 분자가 이온화되어 번개는 이온류에 끌려서 이 피뢰침에 집중한다. 코발트 60의 피뢰침은 반경 200m의 범위 내에 있는 사람들을 낙뢰에서 지켜 줄 수 있다.

멘델레예프의 주기율표는 어디서 끝나는가

현재(2016)까지 발견된 화학 원소는 이미 118종에 달하고 있다. 이것이 어디까지 이어나갈까?

이 의문은 천연으로 많은 원소가 있는가 하면, 소멸될 정도로 적은 원소도 있어서 학자의 머리를 무겁게 했었다. 왜 모든 원소가 평등하게 존재하지 않는 것일까? 이러한 의문에 대한 해답은 아주 최근 원자핵의 안정성이 해명되면서 겨우 보이기 시작했다.

이미 아는 바와 같이 원자핵 내의 양자는 그 전하가 동부호이기 때문에 서로 반발하고 있다. 핵 중에 양자의 수가 증가하게 되면 원자핵은 불안정하게 되어 우라늄보다 양자수가 많은 원소는 생성하면 곧 붕괴되어 버린다.

반감기는 우라늄(10^{16}년), 플루토늄(10^4년), 칼리포르늄(10^2년)인 데 비하여 제100번의 페르뮴은 수 시간, 다음의 멘델레븀은 수 분간, 104번 원소 쿠루차토븀은 10분의 1초가 된다. 이 이상으로 무거운 핵이 되면 반감기는 파멸적으로 짧아져 질량수 241의 110번 원소에 대한 계산으로는 1,000분의 수 초 정도로 예측되고 있다. 이와 같은 원소가 자연계에 다량으로 존재할 수 없는 것은 물론이다.

지구의 주요부를 구성하고 있는 것은 주기율표의 최초의 부분에 있는 약 30여 종의 원소다. 그런데 물리학자들은 핵 중의 양자수뿐만 아니라 그 안의 양자수와 중성자수의 비율에 의해서도 핵의 안정성이 변화한다는 사실을 알아냈다.

가장 불안정한 것은 핵 중에 있는 양자의 수와 중성자의 수가 모두 홀수인 경우이다(예외는 주기율표 최초의 4원소뿐이다). 양자가 모두 짝수가 되면 핵의 안정성이 상당히 증가하지만 그 중에서도 특히 안정화가 탁월한 마법의 수, 즉 '매직 넘버(Magic Number)'가 있다. 즉 양자 또는 중성자가 2, 8, 20, 28, 50, 82, 114, 126, 184……일 때 각종의 안정 원소가 얻어진다. 예를 들면 니켈의 양자수는 28, 주석의 양자수는 50이다. 양자수와 중성자수가 모두 매직 넘버가 되면 핵은 더욱 안정화된다. 말하자면 이중의 안정화로서 이에 해당하는 것이 헬륨(양자 2, 중성자 2), 산소(양자 8, 중성자 8), 칼슘(양자 20, 중성자 20), 납(양자 82, 중성자 126) 등이다.

왜 이와 같은 매직 넘버가 발생하는 것일까? 그 이유는 양자 역학으로 설명할 수 있다. 쉽게 설명하면, 매직 넘버는 원자핵의 주위에 존재하는 전자의 에너지의 준위와 많이 닮아 있다. 원자핵 안에서도 양자 및 중성자에게는 엄밀히 정해진 일정한 에너지 준위가 있다고 보아도 된다. 앞에서 설명한 매직 넘버는 그 에너지 준위에 양자 또는 중성자가 몇 개 존재할 수 있는가를 나타내고 있다.

최외 전자각이 완전히 채워진 원소가 가장 화학적으로 안정한 비활성 기체가 되는 것과 같이 매직 넘버가 채워진 원자핵은 핵 화학적으로 가장 안정되어 있다. 이와 같은 이론으로 보면 일부의 초우라늄 원소도 아주 안정된 것이 된다.

예를 들면 양자 114개와 중성자 184개를 포함하고 질량수 298의 114번 원소를 생각할 수 있다. 같은 방법으로 양자 126개와 중성자 184개를 포함한 126번 원소도 안정되어야 한다. 대략 계산하면 그들의 반감기는 수백억 년으로 예상되고 있다. 이상의 방법을 확장하면 주기율표의 제8주기에도, 또한 제9주기에도 제법 안정한 원소가 발견되어야 한다. 그곳에서 전혀 새로운 지금까지 알지 못했던 물리적, 화학적 성질을 갖는 원소를 발견할 가능성이 있는 것이다. 이와 같이 멘델레예프 표의 종점에 대해서는 용이하게 결론을 내릴 수 없는 상황에 있다.

8장
전기, 자기를 부르는 금속

유리병 안의 번개

지구에 밤이 오면 수십억 개의 전등이 켜진다. 현대인의 생활을 전등 없이는 도저히 생각할 수 없다. 전화, 라디오나 텔레비전, 영화나 컴퓨터, 전기를 사용해서 타는 것(전동차, 전기 자동차)이나 가전용품, 공업용 기계류 등 이러한 것들이 없으면 우리들의 생활은 어떻게 될 것인가? 이와 같은 현대의 생활이 가능하게 된 것은, 한마디로 말하면 금속이 특별한 전기적 및 자기적 성질을 띠고 있기 때문이다. 본 장에서는 이러한 성질에 대해 살펴보기로 한다.

1752년 벤저민 프랭클린은 천둥의 눈이 부신 번갯불은 인간의 죄 때문에 신이 내리는 '하늘의 화살'이 절대로 아니고 사실은 방전에 의한 거대한 불꽃에 불과하다는 것을 발견했다. 그는 그 이상한 능력, 근면, 끈기로서 뛰어난 업적을 남긴 미국의 독학자다. 프랭클린이 발명한 피뢰침은 그의 설에 대한 결정적인 증거가 되었다. 그러나 학자들은 자연의 낙뢰(落雷)의 힘을 안정하 하는 것만으로 만족하지 않고 인간이 유용하게 쓸 수 있도록 하기 위해 끈기 있게 탐구를 계속해 왔다.

세계 최초의 아크등은 1802년 11월 23일 당시 아직도 젊은 러시아의 물리학자 와시리 우라지미로비치 페도로프의 연구실에서 빛났다. 이 발명은 그때부터 8년 후에 영국의 학자 험프리 데이비에 의하여 재현되었고, 유명한 이탈리아의 물리학자

알렉산드로 볼타의 이름을 따서 '볼타 아크등'이라 명명했다.

1849년, 그 아크등이 상트 페테르부르크의 해군사령부의 탑 상에 점화되었다. 이것을 러시아의 발명가 바브로프 니고라에 빗지 야브로체코프가 개량하여(이것은 1876년에 본인이 파리 과학 아카데미에 보고했다) '러시아의 태양'은 단번에 유명하게 되었다. 눈부시게 빛나는 이 전등을 세계 사람들은 이렇게 이름을 붙인 것이다.

'유리병 안의 번개'는 파리, 런던, 마드리드, 브뤼셀, 그 외의 도시의 가로나 광장, 대영(大英)박물관 도서 열람실, 식당, 음악당이나 페르시아 왕, 캄보디아 왕 등 많은 왕후, 귀족의 궁전을 밝혔다. 1876년에 상트 페테르부르크의 고급 내의점의 쇼윈도우가 백열 전등에 의해 조명이 밝혀졌다. 이것은 러시아의 탁월한 발명가인 알렉산드르 니콜라예비치 로지긴이 이룩한 것이며 그는 그 후 전구의 필라멘트로써 제일 좋은 재료인 텅스텐을 발명했다. 로지긴 이후에 만들어 진 에디슨의 전구에도 처음에는 탄소의 필라멘트를 사용했다.

탄소는 내화성이 있는 원소이나, 그 필라멘트는 백열하면 급속히 증발하여 끊어져 버린다. 그러나 텅스텐은 온후한 백열광을 발하며 고온에서도 견딘다. 어떠한 재료라도 그 백열도가 높을수록 방사하는 빛의 양이 증가한다. 이런 경우에 전기 에너지가 빛 에너지로 전환하는 양이 많을수록 전구는 경제적이다. 이러한 전등에 해가 거듭할수록 형광등이 가해졌다. 다채로운 광고등이 없는 현대 도시는 생각할 수 없다. 가스가 든 형광등에서는 희박한 가스 안을 날아다니는 전자의 흐름에 의하여 발광이 이루어진다. 이와 같은 전자류를 발생시키기 위해서는 전류를 통했을 때 그 표면에서 전지를 쉽게 방출하는 성질의 금속이 필요하다.

원자 에너지보다 중요한 것

지하철의 입구에 보기에 별로 재미가 없어 보이는, 인간의 정직성을 검사하는 자동 기계가 서 있다. 교통카드를 대면 그곳을 무사히 통과 할 수 있으나 무료로 빠져나가려 하면 바로 차단기가 닫혀서 통과할 수 없게 된다.

이 자동 기계는 간단한 것으로 통로의 한쪽에 광전관, 또 한쪽에 광원이 있다. 인간이 광(빛)을 막으면 광전관이 낟는 레비에 작용한다. 카드를 대면 레버가 열린다. 그것 뿐인 것이다. 이와 같은 광전관의 전기의 눈의 작용은 광을 받는 전자를 방출하는 성능이 있는 물질이 존재한다는 것에 기초를 두고 있다.

1888년 러시아의 물리학자 아게 스토래토프는 그보다 조금 더 이전에 헤르츠에 의해 발견된 흥미 있는 현상—광(빛)에 의한 전류 발생작용—에 대하여 상세한 연구를 개시했다. 스토래토프의 실험을 통해, 광이 금속 안에서 부전하를 끌어낸다는 사실이 밝혀졌다. 이에 대한 이론적 설명은 1905년 알베르트 아인슈타인에 의해 이루어졌다. 그는 광이 물질에 연속적으로 흡수되는 것이 아니고 일정한 분량—양자—만큼씩 흡수된다는 가설을 내놓았다. 그 후 이 광의 입자에는 '광자'라는 독자의 이름이 붙여졌다.

광자가 금속의 전자와 충돌하면 전자에게 에너지를 주기 때문에 전자는 금속 결정의 격자 밖으로 빠져나와 금속 표면에서 '증발'하도록 된다. 이 때, 당연하지만 원자핵에서 가장 멀리 떨어진 외각 전자가 보다 쉽게 빠져나온다. 그러므로 광전관으로 적합한 금속은 주기율표의 끝에 위치한 알칼리 금속이다. 예를 들면 세슘은 가시광선뿐만 아니라, 에너지가 적은 적외선의 작용에 의해서도 전자가 핵에서 분리된다. 이것보다 활성이 적은 금속에서는 다시 단파장의 즉 큰 에너지를 갖는 전자파—자외선, X선, Y선 등의 작용에 의해서만 전자를 방출한다.

세슘은 화학적으로 가장 활발한 금속의 하나다. 공기 중에서는 자연 발화하며 물, 유황, 염소, 및 인과 접촉하면 폭발을 일으킨다. 당연한 사실로, 세슘은 진공 안에서만 취급할 수 있다. 세슘은 극히 희귀한 원소로 다른 원소 안에 널리 미량씩 분포한다. 주된 응용은 이미 널리 쓰는 광전관이나 TV 스크린이며 열전자 발전 장치(이에 관하여는 후술한다)에도 사용한다.

광전관은 컨베이어로 나르는 부품을 헤아린다든가, 담배나 양말, 볼 베어링 등을 선별하는 목적으로 쓰인다. 어두워지면 자동으로 가로등을 점등하거나 상점, 은행, 항구의 입구를 감시한다. 공장에서는 노동자의 손이 위험 구역에 들어가면 자동적으로 기계를 정지시키기도 한다. 광전관을 쓰면 암흑 중에서나 불투명체를 통해서도 물체를 볼 수 있다.

또한 중요한 것은 광전관이 태양 에너지를 전기로 바꿀 수 있다는 것이다. 태양광선이 비치는 지구의 표면은 $1km^2$ 당 8만 kW의 전력을 얻을 수 있다. 지구 전체로는 1년 동안에 10^{21} kcal의 열을 태양에서 받고 있다. 이것은 지금까지 전 세계에서 탐사된 지하 연료자원 전부를 합한 에너지량의 100배에 상당한다. 그리고 이것은 현재 전 인류가 소비하는 에너지의 3만 배이며, 바다를 제외하고 각 대륙의 지표에 받는 태양 에너지만 해도, 쿠이비셰프 수력 발전소 같은 발전소 20만 개의 전력에 상당할 정도다. 인류는 연료와 식량의 형태로, 태양이 지구에 보내오는 에너지의 0.002% 이하만을 이용할 뿐이다.

석유나 석탄, 천연가스, 목재 등은 귀중한 화학 연료가 된다. 또한 유기연료나 핵연료의 자원은 유한하지만, 태양 에너지는 무한하다. 프랑스의 저명한 물리학자이며 원자력 에너지의 전문가였던 프레데리크 졸리오퀴리는 "태양 에너지 이용의 문제를 해결하는 것은 아마 원자력 에너지를 정복하는 것보다도 중요할 것이다"라고 말했으며, 이는 정말로 맞는 말이다.

태양 에너지를 전기 에너지로 변환하기 위한 장치는 이미 우주선이나 지구 인공위성의 여러 장치에 에너지를 공급하고 있다. 이 장치는 세계 최초로 러시아의 달 표면 운행기를 작동시켰다. 현재 우수한 반도체 에너지 변환장치의 효율은 15%에 근접하고 있다(최근 10년간 경제성이 10배 향상되었다). 학자들은 가까운 장래에 25%까지 올리는 것을 희망하고 있다.

여기에는 확실한 근거가 있다. 1930년 당시 초기의 반도체 광전관의 효율은 0.01%였으며, 이것을 8~10%로 올리는 것은 학자들의 꿈에 지나지 않았다. 그런 시대에 러시아 물리학 창시자의 한 사람인 요훼가 이미 장래의 태양 에너지 변환장치를 예견하고 있었다는 것은 주목할 만하다.

전자가스가 하는 일

1964년 8월 14일 러시아에서 보일러, 터빈, 기타 가동 부분도 없이 원자 에너지를 전기로 변환하는 최초의 장치가 가동되기 시작하였다. 그 외관에서 '로마시카'라는 시적인 이름이 붙여졌다. 1971년 3월 26일, 신문 프라우다지(Pravda)는 출력 수 kW로 원자력을 직접 기계에 의하지 않고 전기로 변환하는 장치의 실험이 성공한 것을 보도했다. 이런 방식으로는 세계 최초의 실험 장치다.

열전자 방사(열이온 또는 단순히 열방사라고도 한다)에 의한 발전장치의 작용은 진공관과 같은 원리로, 고온도의 금속이 그 표면에서 전자를 방출하는 성질을 이용한다. 이 현상은 이미 1883년에 토머스 에디슨이 발견한 것이다. 그 이후, 1904년 영국의 존 플레밍이 더욱 간단한 열 전자관을 만들었다. 그 구조는 단순하다.

우선, 공기를 뽑은 유리병 안에 두 개의 전극봉이 있다. 음극에 전류를 흘려서 빨갛게 달구면 그 금속의 전자액이 비등하여 증발을 시작한다. 그래서 '전자증기'가 발생한다. 여기서 양극에 전압을 가하면 전자가 마치 채찍으로 때려 쫓아내듯이 진공

속을 음극에서 양극으로 이동한다. 이와 같이 간단한 것이다.

그 후에 나타난 진공관은 보조 전극, 즉 그리드를 여러 개 놓고, 전자류를 복잡하게 제어하고 있다. 대형 스크린의 TV 브라운관, 전자 현미경 그 외의 장치에서는 전자 빔을 자기 코일로 제어한다. 라디오나 TV, 전파 방향 탐지기 등이 넓게 보급된 것은 모두 열전자관을 쓰게 된 덕분이다.

열전자 방사 발전장치는 아주 간단한 진공관과 같이 단순한 구조이다. 진공 속에 두 개의 전극봉이 있으며, 음극을 가열하여 전자를 뛰쳐나오게 한다. 전자류가 양극에 도달하여 그곳에서 외부 회로로 흘러 유효한 일을 한다. 열전자 방사장치에는 전자 자신을 제외하면 움직이는 부분이 하나도 없다. 음극의 전자류가 끊임없이 비등하여 증발하는 데 필요한 열을 공급하면 외부 회로에 연속해서 전류가 흐른다.

열전자방사 발전장치의 특별한 장점과 그의 의의는 무엇일까? 첫째로 에너지의 변환이 직접적인 것이다. 원자력 발전에서는 최초로 원자 에너지를 열 에너지로 변환한다. 이 열이 특수 매체(물이나 액체 나트륨)에 전해져서 터빈을 움직이게 한다. 터빈은 발전기의 샤프트를 회전시켜 전기 에너지를 만들어낸다. 그러나 열전자 방사에서는 이와 같은 중간 단계가 없다.

둘째는 이 발전장치에는 움직이는 부분이 전혀 없는 것으로 대단히 큰 의미가 있다. 움직이는 부분이 없으면 작동 온도를 상당히 높일 수가 있다. 음극의 가열에는 아주 고온의 열원, 예를 들면 태양 에너지, 플라스마 등을 사용할 수 있다. 움직이는 부분이 없으면 마찰 손실도, 부품의 기계적 소모도 없다. 우주의 진공 내에서는 윤활유가 아주 급속히 증발하기 때문에 마찰

부분을 없게 하는 것은 우주용 발전장치로서 특히 중요한 것이다. 물론, 열전자 방사 발전장치는 소형이며 신뢰성이 있어서 인간에 의한 조직적인 수리나 감시가 없어도 장시간 정확하게 작동을 계속 할 수 있다.

이 장치는 극히 최근에 개발된 것이나 이미 그 효율이 27%에 달하고 있다. 장래의 에너지 공학, 특히 원자력 발전과 우주 발전의 발달에 열전자 방사의 의미는 아주 클 것이다.

한편, 두 개의 다른 금속선을 한 끝에서 접합하여 그 접합 부분을 가열하면 다른 끝에서는 전위차가 발생한다. 이것은 '전자가스' 안의 전자의 농도, 즉 전자가스의 압력이 금속의 종류에 따라 다르기 때문이며, 양단의 온도차에 비례하여 회로에 흐르는 전류도 증가한다. 이와 같은 온도차를 얻기 위해 지구 내부의 열이나 원자로의 폐열을 이용하는 것도 가능하며, 앞에서 기술한 것과 같이 보일러나 터빈 등의 중간 단계 없이도 열에너지를 전기 에너지로 전환할 수 있다.

전기의 하천과 수로

"공산주의—그것은 노동자 정권과 전국(全國)의 전화(電化)이다"라고 한 레닌의 말은 유명하다. 그는 러시아 전화국가위원회의 계획을 제2의 당강령이라고 했다. 1970년, 러시아의 발전 총출력은 이 계획이 목표로 한 양의 100배에 달했으며, 1975년까지는 시간당 1조 300억 내지 1조 700억 kW에 달하려 하고 있었다. 그러나 이 에너지 대하(大河)가 수요선의 공장, 전동차, 전구나 TV, 라디오에 도달하려면 그것을 수로—전선에 의하여 도입해야 한다. 금속을 대신하여 이 역할을 수행할 수 있

절연체 중의 전자상태는?

는 것은 아무것도 없다. 예를 들어 구리의 전기 전도도가 파라핀의 10^{24}배나 된다는 것으로 충분한 설명이 된다.

금속에는 높은 전기 전도성이 있는 것을 알고 있다. 즉, 금속 중의 전자는 결정격자 내를 자유롭게 회유하며 전자가스를 형성하고 있으며, 절연체와 같이 전자가 원자 내부에 '유폐(아주 깊숙이 가두어 둠)'되어 있지 않다. 이 운동은 통상 무질서하나 금속이 전원에 접속되어 회로가 만들어지자마자 전자는 일제히 질서정연한 운동을 개시한다. 이 일정한 방향으로 운동하는 전자의 흐름을 전류라 한다.

금속 안에서 운동할 때 전자는 이온과 충돌하여 그 에너지의 일부를 이온에게 준다. 이온은 결정격자 위치에서 진동을 시작하며 이것이 금속도체의 온도 상승의 원인이 된다. 한편 이온의 움직임이 빨라지면 빨라질수록 전자와의 충돌 확률이 높아져서 전자의 운동이 방해를 받는다. 실제로 금속의 전기 저항이 온도 상승에 따라 증대하고 온도가 하강하면 저하하는 것은 이것 때문이다.

전류에 대한 저항이 가장 작은 것은 은이며 그 전기 전도도를 1.0으로 할 때 구리는 0.94, 알루미늄은 0.55, 철과 수은이 0.02, 타이타늄은 0.003이다. 어떤 금속이라도 결정격자의 비틀림이 크면 클수록 전자가 받는 저항이 크게 된다. 그래서 합금은 순금속보다 전기 전도도가 작다. 전선에는 불순물이 0.05% 이하의 구리나 아주 순수한 알루미늄이 사용되며 저항기나 전열기에는 전기 저항이 큰 합금이 쓰인다.

구리는 알루미늄보다 전기를 두 배나 잘 흐르게 하지만 무게는 3.3배이다. 이 때문에 알루미늄이 도선으로서 구리의 위치를 압박하고 있다. 같은 전기 저항의 도선을 만드는 데 알루미늄이 구리보다 가볍기 때문이다. 그러나 현재로서는 전기 기술용의 주요 금속은 역시 구리이며, 그 생산량의 절반이 전선 제조에 사용된다.

연애하는 돌

어린이의 생명이 위험하다. 못이 기관지에 꽂혔다. 못은 기관 내막의 깊숙이 꽂혀서 의사가 핀셋으로 잡으려 하여도 잘 되지 않았다. 그런데 못을 뽑고 어린 환자를 구할 수 있었던 것은 길고 강고한 자성 철사 때문이었다.

또한 눈에 꽂힌 철편을 강력한 자석으로 뽑음으로써 많은 사람이 시력을 회복했다. 이와 같은 방법으로 외과 수술이 가능하게 된 것은 20세기부터 철자석보다 100배나 강력한 영구 자석 합금을 만들 수 있기 때문이다. 그러나 자석을 수술에 응용하는 것은 새로운 사실이 아니다. 고대 인도에서는 전쟁터에서 몸에 꽂힌 철창의 촉을 체내에서 뽑아내는 데 자석을 썼다.

이처럼 자석이 철을 끌어당기는 성능이 있다는 것은 고대(古代)부터 알고 있었다. 고대인들은 자철광을 찾아냈을 때 그것을 알았다. 예를 들면 우랄산맥의 거의 전부는 이 이상한 광석으로 되어 있어, 오랫동안 마그니토 고르스크 야금 콤비나트에 원광을 공급해 왔다.

중국인, 프랑스인, 그 외의 많은 나라 사람들도 자석을 '연애하는 돌'이라 이름 붙였다. 자석이 철을 잡아당기는 것을 좋아하는 남녀의 마음에 비유한 것이다.

고대에 자석을 실용으로 사용한 것은 주로 나침반(Compass)이었다. 당시 그것은 짐 싣는 마차에 부착한 인형으로 앞으로 펼친 양손이 항상 남쪽을 향하도록 한 기발한 물건이었다. 나침반이 발견된 것은 약 3000년 전이며, 서구에서 그것을 알게 된 것은 겨우 18세기의 일이다. 나침반이 없었으면 당시의 위대한 지리학적 발견은 불가능했을 것이다.

1930년대에 보통의 자석강보다 100배 이상 강력한 합금을 만들었다. 이들 합금은 철 외에도 니켈, 코발트, 알루미늄, 구리 등을 포함하고 있다. 백금과 코발트의 합금은 아주 강력하며, 자력이 최대인 것은 최근 발명된 코발트와 사마륨, 프라세오디늄 또는 세륨과의 합금이나. 20세기에는 자중과 같은 쇠붙을 들어 올릴 수 있으면 자석으로서 우수하다고 했었으나, 영구 자석은 자중의 100배 무게의 짐을 지지할 수가 있다.

현대 기술 중 자석의 응용은 너무도 많아 헤아릴 수가 없다. 즉 전기 모터, 발전기, 전화, 마이크로폰, TV, 측심의(바다의 깊이를 측정하는 기계), 현미경, 계산기, 속도계, 자기선광기, 베어링 등 한없이 많이 들 수 있다. 그러나 금속 자성 재료의 의의를 단적으로 나타낸 일례를 든다면 철심이 코일의 보자력을 수백 배나 높였다는 사실이다.

길버트에서 앙페르까지

조직적인 자기의 성질에 관한 연구는 16세기에 시작되었다. 1600년, 런던에서 여왕실 궁정 의사였던 윌리엄 길버트의 저서 『자석, 자력, 위대한 자석—지구에 대하여』가 출간되었다. 그는 의료의 여가 중에 이와 같은 과학적 연구를 하였다.

어릴 적부터 자석이 항상 북과 남의 방향을 바르게 감지하는 성능에 감탄한 윌리엄의 '자력이란 무엇인가?'라는 호기심은 아버지에게서나, 초등학교에서나, 그가 공부한 케임브리지 대학에서도 만족스럽게 풀어 주지 못했다. 어른이 된 후에도 자기 현상에 관한 흥미는 잃지 않았고, 여왕은 이 연구를 크게 장려하여 적지 않은 경비를 국고에서 지원했다.

여왕은 그 연구 결과를 새로운 식민지 개척에 해군을 파견하는 데 쓸모가 있을 것으로 보고 지원하기로 결정했다. 여왕의 하사금만으로는 경비가 부족하여 그는 의사로서 번 돈 전부를 이에 썼다.

길버트는 봉자석을 철가루 속에 넣어 보고 가장 큰 자력은 봉의 양 끝에 몰려 있다는 것을 확인했다. 양 끝에는 많은 철가루가 부착했으나 자석의 중앙부에는 전혀 붙지 않았다. 두 개의 같은 봉자석을 평행하게 겹쳐 놓으면 어떤 때는 자력이 대단히 강하게 되고 반대로 하면 자력이 거의 소멸했다. 이를 통해 봉자석의 양단에는 각각 다른 종류의 자기가 모인다고 생각했다. 그는 한쪽 끝을 '북(N)극' 다른 쪽 끝을 '남(S)극'이라 이름 붙였다.

두 개의 다른 종류의 자기는 자석의 중앙에서 상쇄하듯이 제로가 된다. 이것을 길버트는 양쪽 방향에서 같은 힘의 바람을 받는 범선(돛단배)의 범에 비교했다. 물론 범선은 전혀 움직이지 않는다. 그러나 바람이 없을 때는 어떻게 될까? 같은 이치에서 봉자석의 중앙부는 자기가 전혀 없는 것일까? 그는 봉자석을 반으로 잘라 보기로 했다. 그래서 그 어느 쪽도 원래의 봉자석과 같은 두 개의 자극이 존재함을 확인하였다. 원래 아무 자력도 없던 잘린 부분에 새롭게 다른 자극(磁極)이 발생한 것이다.

길버트는 반을 자른 자석을 다시 반으로 자르고 또 반으로 자르는 것을 반복하여 봉자석을 아무리 작게 잘라도 계속 두 개의 다른 극이 다시 나타나는 것을 확인했다. 우연히, 길버트는 자화한 철괴를 돌로 된 마루에 놓쳐 버렸다. 보기에 철괴에는 아무런 변화가 없었으나, 자력이 거의 소실되었다. 그러면 그 자력은 어찌된 것일까? 그는 고민 끝에 아주 천재적인 추론에 도달했다. 그것은 다음과 같다.

"물질은 아주 작은 자석으로 되어 있고 이것이 군대의 대열처럼 한 방향으로 정렬하면 그 자력이 집적되어 하나의 큰 자석이 된다. 이 소자석이 정렬할 수 없는 물질은 자석이 안 된다. 결국, 이 소자석이 철괴를 마루에 놓쳤을 때 충격을 받아 흐트러져서 자성을 잃는 것이다."

또한 그는 집안 창고에 오래 방치해 두었던 실험용의 철봉이나 철사가, 아무것도 하지 않았는데도 자력을 띠게 된다는 것을 관찰했다. 이 관찰은 그가 오래 머릿속에 간직했던 수수께끼—나침반은 북쪽과 남쪽을 향한다는 성질—를 푸는 데 일거의 광명을 주었다. 즉 길버트는 지구 그 자체가 거대한 자석이며 그 양극이 구형 자석의 양극으로 되어 있다는 추론에 달하였다. 그는 구형 자석을 만들어 보고 그 주위에서 작은 봉자석을 움직여 그것이 선박용 나침반과 동일하게 움직인다는 것을 확인하였다. 또한 남북의 방향으로 뽑은 철 띠가 쇠판에서 쇠망치로 단조하면 철 속의 소자석이 지자기의 방향에 따라 정렬함으로써 자화됨을 나타냈고, 자기에 관한 자기의 생각이 옳음을 입증하였다.

길버트는 한 아라비아의 오래된 책에 자석의 이극(다른 극)이 '적극', 동극(같은 극)이 '우극'이라고 적혀 있는 것에서 착상하여, 작은 자석을 태운 장난감 배를 많이 만들어 물 위에 띄워 어떤 것은 잡아당기고, 어떤 것은 밀어내는 '함대 연습' 같은 움직임을 여왕과 측근들에게 보여 주었다. 새로이 연구를 계속하면서 그는 천연의 자석에 철 또는 강을 감으면 현저하게 자력이 강하게 되는 것을 발견하였다. 길버트는 그 저서의 서문(머리말)에 이렇게 쓰고 있다.

"우리들이 기술한 내용에 실험 후 몇 번이고 확인한 것 이외의 것은 하나도 포함하지 않았다……. 독자여 기억하라, 우리들은 긴 실험 끝에 발견된 가설만을 기술했음을……."

갈릴레오 갈릴레이는 다음과 같이 기술하여 그 업적을 높이 평가하였다.

"내 의견으로는, 이와 같이 새롭고 많은 정확한 관찰에 대하여 길버트는 최대의 포상을 받아야 한다. 이에 반하여, 자기 자신이 알지도 못하는 것뿐만 아니라 무지와 우둔함에서 착상된 것까지도 기술하는 열등한 거짓말쟁이 학자들은 수치심을 알아야 한다."

길버트는 자기와 전기에 관한 학문의 아버지라고 여겨지고 있다. 그에 의하여 영어의 전기에 해당하는 단어 Electricity가 창시되었다.

1819년 겨울 코펜하겐의 물리학 교수 한스 크리스티안 외르스테드는 통상의 수업 중에 전류의 몇 가지 성질을 학생들에게 보여 주고 있었다. 그 중에는 백금선에 전기를 통하여 가열하는 실험이 있었다. 백금선이 타서 끊어지는 것을 두려워한 나머지 외르스테드는 선이 백열화하면 즉시 스위치를 끊었다.

이 실험을 하고 있는데 한 학생이 실험 책상 위에 놓여 있던 선박용 나침반을 보고 있었다. 나침반이 획 움직이고 다시 원위치로 돌아왔다. 이 실험을 몇 번이고 반복했으며 스위치를 끊든가 넣을 때에 나침반이 움직이는 것을 확인하였다. 전기를 통하는 백금선을 나침반의 위에서 아래로 위치를 이동하니 나침반의 흔들리는 방향이 반대가 되었다. 전지의 접속을 바꾸어 전류의 방향을 반대로 하니 역시 나침반의 흔들리는 방향이 변화했다.

외르스테드에 의한 전류의 자기 작용에 관한 발견은 1820년 7월에 공표되었다. 그러나 같은 해인 9월에 프랑스의 유능한 물리학자 앙드레마리 앙페르가 파리의 과학아카데미에서 일련의 보고를 했다. 그 보고 중에 그는 전류 교환 작용의 통일적 이론에 대하여 논하고, 금속자성의 본질에 관하여 천재적인 추측을 했다.

앙페르의 고찰을 요약하면 다음과 같다. 전류가 같은 방향으로 흐르는 두 개의 도선은 서로 잡아당기며 전류의 방향이 반대면 서로 반발한다. 이를 통해 그는 원형 전류를 순서대로 쌓으면 자기 작용이 커질 것이라고 생각하여 원통 위에 나선상(螺旋狀)의 도선을 감았다. 그는 솔레노이드(그리스어로 원통)라 이름 붙였다.

솔레노이드의 자기 작용은 같은 형태의 영구 자석과 같았으나, 영구 자석의 극이 불변(변하지 않음)인 데 반하여 솔레노이드의 극은 전류의 방향에 따라 변화했다.

이상의 실험 사실을 토대로 앙페르는 개개의 영구 자석은 천연의 솔레노이드—그것은 자석의 각 분자 내부를 흐르는 원형 전류를 모아서 묶은 것과 같은 것이다—라고 추론했다. 즉, 자기를 무엇인가 특별한 자연력이 아니고 단순히 전류 작용의 결과의 하나로서 설명한 것이다. 모든 물체의 자기는 그 물질의 기본 입자 내부의 원형 전류에 의해 발생된다는 이론이다. 원형 전류는 항상 존재하나 물질 중에 전류의 축이 무질서하게 각 방향으로 분포되어 있을 때에 자성은 전혀 나타나지 않는다. 철이나 강 등 일부 금속이 자화할 때는 그 작은 원형 전류의 축의 방향이 다 같이 정렬한다는 것이 앙페르의 설이다.

이와 같이 원자 구조 발견의 약 100년 전에 앙페르는 원자핵의 주위를 전자가 돌고 있다는 현대의 개념을 이미 예견하였으며, 근대 자기 이론의 기초가 되는 가설을 제시한 것이다. 물리학자 제임스 맥스웰이 앙페르를 '전기의 뉴턴'이라 칭한 것은 당연한 일이다.

왜? 왜? 왜?

독자 여러분은 어째서 어떤 물질*은 자석에 끌려가는데, 어떤 물질**은 자석에 반발하는가. 왜 그렇게 되는 것일까 생각해 본 적이 있는가.

철, 코발트, 니켈, 카드뮴 외 5개의 희토류 금속과 그 합금***이 특히 강하게 자석과 작용하여 그 자신이 영구 자석이 되는 것은 왜 그런가? 이것은 많은 물질이 외부 자계가 제거되자마자 내부의 소자석이 "해방! 자유행동!"의 호령을 들은 신병과 같이 전부 임의의 방향을 향하는데, 강자성체에서는 마치도 완고한 고참 병사와 같이 관성으로 대열을 유지하기 때문이라고 설명되어 왔다. 그러나 이 설명은 현상의 이해를 돕기는 하지만 왜 그렇게 되는가, 왜 그렇게 되지 않으면 안 되는가 하는 질문에 대한 답이 되지는 못하고 있다.

금속 특히 강자성체의 자기의 본질을 연구하던 중 학자들은 줄줄이 새로운 의문에 부딪혔다. 예를 들면 강자성체는 상자성체보다 아주 쉽게 자화하지만 그 자화는 순간적으로 일어났다. 결코 서서히 일어나는 것은 아니었다.

강자성체의 성질을 이론적으로 해명하려는 시도는 1892년 러시아의 과학자 베 엘 로진그가 시작하였으며, 그는 금속 중에 작은 분자 자장이 존재한다는 가설을 세웠다. 1907년 프랑스의 피에르 바이스는 이 가설을 새로이 발전시켰으나 학문에

---

* 상자성체(파라 마그네틱). 철, 코발트, 니켈, 망가니즈 등. '파라'는 그리스어로 가깝게라는 뜻
** 반자성체(지아 마그네틱). 아연, 구리, 금, 유황, 납 등. '지아'는 그리스어로 각각이라는 뜻
*** 강자성체(페르 마그네틱). '페르룸'은 그리스어로 철을 의미함

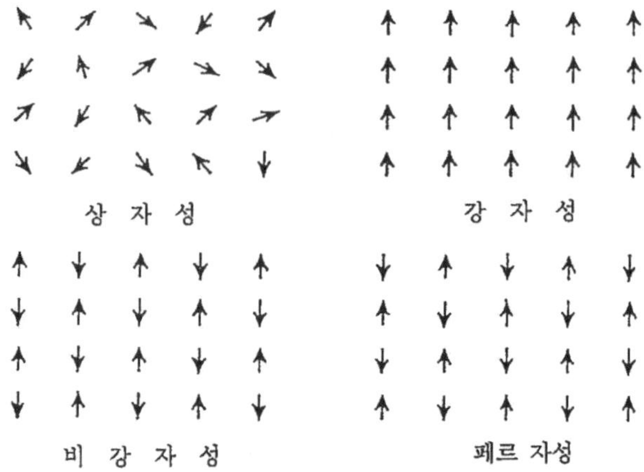

네 종류의 기본적 자성

는 자주 있듯이 현상의 형식적인 기술에 머물렀으며, 물리적 참 의미를 밝혀 주지는 못했다.

1920년대쯤에 많은 사람들이 자성 이론의 완성에 가까워졌다고 생각했다. 실제로 닐스 보어가 제안한 원자 구조도를 기초로 드디어 앙페르의 원형 분자 전류의 물리적 의미가 밝혀지기 시작했다.

그러나 격언에 "깊은 숲일수록 땔감이 많다"고 했듯이, 그 후에 전자는 태양의 주위를 맴도는 혹성과 같이 원자핵의 주위를 돌 뿐만 아니라 그 자체도 회전(스핀)하고 있는 것이 알려졌다. 이와 같은 전자의 운동은 다른 모든 원형 전류와 같이 반드시 자신의 자기 모멘트*를 만든다.

---

* 자기 모멘트: 자장 중에 놓인 전류 회로의 거동을 규정하는 벡터량. 그 절대치는 전류의 크기와 같고 방향은 전류의 방향에 따라 정해진다.

즉, 많은 자기 현상—특히 강자성체의—에서 중요한 역할을 하는 것은 원자핵을 전자가 공전하는 것이 아니라 전자가 자기 자신의 축 주위를 자전하는 것으로, 이와 같은 공전이나 자전에 의하여 만들어지는 자기 모멘트가 집적되어, 원자라고 하는 혹성계 전체의 자기 모멘트를 형성하고 있는 것이다. 어떤 물질(헬륨, 네온, 구리, 비스무트 등 수많은)에서는 전자에 의한 자기 모멘트가 역방향으로 서로 흡수하도록 작용하여, 원자 전체로서는 결과적으로 자기 모멘트가 거의 영(0)이 되어 있다. 또한, 액체나 기체를 포함한 모든 물질은 어느 정도의 자성이 있다는 것도 밝혀졌다. 도대체 왜?, 왜일까?

앙페르 이론과 비교하여 고도의 현대 자기 이론은 양자 역학의 개념과 함께 개발되었다. 그 기초는 1920년대에 울프강 파울리가 구축한 것으로, 이후 러시아의 물리학자 후렌겔, 또한 베르너 하이젠베르크 등에 의하여 발전되었다. 흥미 있는 사실은 이들 학자들이 서로 독립적으로 연구를 했다는 것이며, 후렌겔은 1928년 6월, 하이젠베르크는 동년 7월로 거의 같은 시기에 그 성과를 발표했다.

자구 이론(이에 관하여는 후술한다)은 러시아의 레프 란다우에 의하여 1935년에 발표되었다.

이렇게 하여 자기의 본질에 관한 현대적 이해의 바탕이 형성되었다. 실제의 강자성 재료 구조 연구에는 우온소푸스끼, 이그로후, 곤도르스키, 페로후 등 많은 러시아 물리 과학자가 중요한 공헌을 했다.

자기의 본질

상자성체에서는 원자의 하나하나가 작은 자석으로 되어 있다. 그러나 그 자기 모멘트가 적어서 원자 간의 작용은 아주 적다. 원자의 자극은 물질 내부에서 전혀 무질서하게 배치되어 있다. 만일 여기에 자장을 가하면 상자성체의 원자를 자력선의 방향으로 정렬시키려 한다. 그러나 원자의 열운동이 이것을 강하게 방해하기 때문에 상자성체의 자화는 약화된다. 계산에 의하면 상자성체의 원자 전부를 원하는 방향으로 전환시켜 정렬시키는 데는 수백만 에르스텟(Oersted)의 막대한 자장이 필요하다. 그러나 강자성체를 자화하는 데는 때로는 수분의 일 에르스텟으로 충분하다.

반자성체는 개개의 원자는 자장을 갖고 있지 않다. 외부 자장이 가해지면 원자 내부에서 전자가 만든 자기 모멘트의 평형이 깨진다. 이것은 새로이 원자 속에 자기 모멘트가 만들어졌다고 보아도 좋다. 결과적으로 반자성체는 자석을 가까이 하면 N극에 대해서는 N극, S극에 대해서는 S극이 생긴다. 같은 종류의 극은 반발하며, 다른 종류의 극은 잡아당기기 때문에 반자성체는 자석에 의하여 밀쳐진다.

상자성체의 각 원자 간의 자기 상호 작용을 기체 분자라고 본다면 강자성체는 액체 분자로 보아도 좋다. 강자성체에서는 수백만 개의 원자가 자기 모멘트를 하나의 결정축의 방향으로 모아 집단을 이루고 있다. 이와 같이 자발적으로 자화한 소영역을 '자구'라 부르며 자구 안에서 금속은 포화될 때까지 자화한다.

강자성체에 있어서 암페어의 소자석은 실은 이와 같은 자구

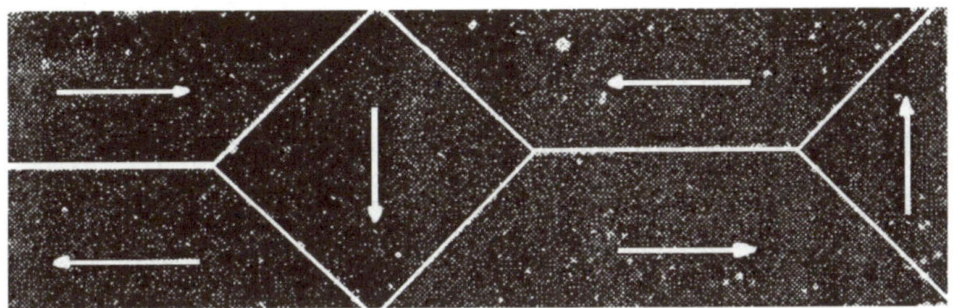

자구의 구조(그 구조를 알아보려면 고온 철분을 철의 표면에 뿌려 본다. 그리고 그 부분을 확대하여 보면 몇 개의 구분된 영역에 철분이 모여 있다. 이 영역이 자구이다)

이며, 자구의 경계는 연마한 시료면에 고운 철분을 뿌리면 현미경으로 관찰할 수 있다.

각 자구의 자기 모멘트의 방향은 금속의 어떤 결정축과 평형이지만 자성체 전체로서는 입체적으로 여러 방향으로 분포되어 있어 서로 상쇄된다. 그 총계는 결국 제로에 가까워 자성이 밖으로 나타나지 않는다. 사실상 철이 자석으로 되는 것은 그것이 자화를 받았을 때뿐이다. 그것은 짧은 봉자석을 N, S, N, S, N……로 반대극을 맞대고 이어져 나가 하나의 긴 봉자석을 조립한 것과 같이, 새로운 자석의 양끝 이외에는 자극이 나타나지 않는다.

물질이 가열되어 그것을 구성하는 입자의 열운동 에너지가 일정 한계에 달했을 때에 위에서 설명한 자기 모멘트의 질서가 파괴된다. 물질이 자성을 잃는 한계의 온도를 그것을 발견한 프랑스 물리학자의 이름을 따서 '퀴리점'이라 칭한다. 퀴리점은 빙점(어는점)이나 융점(녹는점)과 같이 물체 고유의 것으로, 예를 들면 철의 퀴리점은 768℃이다. 영구 자석에 강렬한 충격(마루에 낙하 또는 해머로 타격)을 주면 그 잉여 에너지에 의하여 자구의 정렬 대형이 흐트러져 가열한 경우와 같이 자성을 잃는다.

탁월한 과학 독본의 하나인 에릭 로저스 저 『화학자를 위한 물리학』에는 현대의 자성 이론이 다음과 같이 설명되고 있다.

지금까지 논한 바와 같은 모델은 자화한 철강에도 적용된다. 자성 재료는 무수의 소자석(자구)으로 되어 있어 자화된 상태에서는 이들 소자석은 한 방향으로 대형을 이루고 있으나, 자화되지 않은 때에는 무질서(보다는 폐쇄된 사이클의 군을 만들어 자성이 나타나지 않는) 상태에 있는 것으로 한다. 실험에 의하면 연철은 자화도 쉽지만 소자(消磁: 자성이 없어짐)도 쉽고, 담금질한 강의 경우는 자화에는 강력한 자장을 필요로 하며 자장을 제거해도 소자되지 않고 영구 자석이 된다. 여기서 연철의 소자석은 아주 쉽게 전향하는 데 반하여 강의 소자석은 강고히 주위와 결합하기 때문에 전향함에 있어 마찰과 같은 강한 저항을 받는 것으로 추정할 수 있다.

이와 같은 간단한 가설은 무엇을 알려주는가? 이것은 무엇보다도 우선 자석을 절단하였을 때 잘린 면에 새로운 자극(磁極)이 생기는 이유를 설명할 수 있다. 그러나 이 설명은 실험 사실의 표면적인 이유 붙이기에 지나지 않으며 자기 현상 설명에 큰 성공이라고는 생각하지 않는다. 거기에는 소자석 자체는 절단되지 않는다는 근거 없는 가정을 포함하고 있다. 만일 그러한 성질을 후에 부가하더라도 실제로 그렇다고 말할 수는 없다.

다음 문제를 보자. 담금질한 봉강을 자화하여 영구 자석을 만들 때 외부 자석을 제거해도 양단의 자력이 전부 확실히 남을 것인가? 가설은 그렇지 않다는 것을 나타내고 있다. 봉의 단면에서는 동종의 자극이 서로 반발을 한다. 이 때문에 일부의 자극은 밀려서 봉의 측면까지 이동한다(이것은 철분과 봉자석을 갖고 바로 확인할 수 있다). 이와 같이 하여 단면에서의 자력은 실제로 얼마는 감소한다. 이것은 자석의 힘이 떨어지거나 없어지는 것을 어떻게 하면 방지할 수 있는가를 가르쳐 준다. 그러나 다른 봉자석을 이 봉자석 앞에 놓으면 된다. 이렇게 하면 소자석을 한 방향으로 간추려 놓을 수 있다. 봉자석을 쇠사슬 같이 이어 놓으면 그 보존은 편리하나 쇠사슬의 맨 끝에서는 어떻게 하면 좋을 것인가.

금속봉을 솔레노이드 안에 넣어 교류를 가해 자극의 방향을 서로 교차하여 반대가 되게 하면 반복하여 자화할 수가 있다. 이 때 연철과 담금질한 경강과는 그 반응에 차이점이 있을 것인가? 가설에 의하면 경강의 소자석은 이와 같은 방향 전환에 대하여 마찰과 같은 저항을 받음으로 아마 곧 온도가 상승할 것이다. 그래서 전기 모터나 발전기의 코일에 철심을 쓸 때는 그 철심을 연철로 쓰지 않으면 안 된다. 직류 모터의 회전자도 마찬가지다. 강제의 철심이면 온도가 올라 도선을 태우든가 에너지의 손실을 초래하든가 한다.

이상과 같은 가설은 중요한 결론을 내리는 데 도움이 됐다. 그 일부의 추론은 잘 알려진 사실과 일치하며 다른 일부는 실험에 의하여 검증되었다. 그러나 다음 질문은 실험적 검증이 곤란하다. 예를 들어 어떤 사람이 강제의 링을 자화하게 했다. 이 때 그는 자극도 자계도 볼 수 없도록 하는 목적을 달성했다고 생각해도 좋은가? 바른 의미에서 링은 '자화'된 것인가? 위에서 설명한 이론을 모르면 답은 "아니오"일 것이다. 분명히 링에는 아무 자력도 없다. 그러나 이론에 기초를 한 답은 달라진다. "예, 링 안의 소자석이 원형으로 돌아서 한 방향으로 정렬하고 있으면 자력은 없어도 링은 자화된 것이다." 이와 같은 해답은 이론의 탁월한 성공인 것이다. 실제로 링을 절단해 보면 그 절단면에서는 강한 자극을 찾을 수가 있을 것이다.

이와 같은 환상 자석은 현재 상당히 많이 보급되고 있다. 그 발명이 이론의 검증 때문은 아니며 기술상 중요한 것으로 되어 있다. 복권 변압기에서는 그 안에 자력선을 가두어 둘 목적으로 철심을 폐링의 모양으로 설계하는 일이 자주 있다. 또한 마제형 자석을 보존하기 위하여 양극 간에 연철편을 걸쳐 놓는 방법도 잘 쓰인다. 이것도 폐링의 하나다.

그런데 소자석의 크기나 그 형상에 대해서는 지금까지 아무 언급을 하지 않았다. 강자성체에 있어서의 소자석은 제법 큰 원자의 집단 '자구'이다. 현미경으로 보이는 자구는 대단히 작으나 원자에 비하면 거대한 집단이다. 자구를 다시 분할해 나가면 결국은 원자로 분할되므로 '소'자석이라 함은 원자라고 할 수 있다.

금속을 자화함에 있어서 다음과 같은 두 종류의 변화가 일어난다.

(ㄱ) 어떤 자구는 인접 자구를 침식하여 크기를 키운다. 잘 성장하는 것은 외부 자계와 그 방향이 비슷한 벡터를 갖는 자구이며, 다른 자구는 침식당한다. 외부 자계가 약하면 이 변화는 작고 가역적이며, 자계를 제거하면 복원한다. 그러나 외부 자계가 강력하면 복원하지 못하고 불가역적으로 된다.

(ㄴ) 강한 외부 자계에는 대충 그 방향으로 자구의 방향이 변화한다. 여기서 자구의 방향이란 금속 결정축의 하나와 일치하는

것으로, 결코 금속편의 외형에 따르는 것은 아니다. 자구내의 원자는 당연히 각각 가장 안정한 방향으로 재배열하는 것이다. 그러나 자구내의 어떠한 결정축도 외부 자계의 방향과도 일치하지 않는 경우가 있을 수 있다. 이 때 자구의 방향을 전환시키는 데는 강대한 자장이 필요하다.

다음은 시료의 표면에 만들어진 철분의 자구 모양의 관찰에 대하여 이야기하자. 이 모양은 금속의 자화에 따라 변화하며, 어떤 자구가 타자구를 침식하여 크게 되는 모양을 나타낸다. 자구의 변화를 알아내는 다른 방법도 알려져 있다. 철 시료의 둘레에 작은 코일을 감아 이것을 증폭기에 이어, 시료의 자화 상태의 변화와 대응하게 한다. 유기전압의 아주 작은 변화를 검출하는 것이다. 예를 들면 증폭기에 스피커를 연결하여 그 철 시료에 영구 자석을 가까이 하면, 스피커에서 마치 모래알을 북 위에 뿌리는 것 같은 기묘한 소리가 들린다. 이 음은 실제로는 '바짓'하고 나오는 소리의 연속인 것으로 자화에 참가한 것이 철의 원자로 보기에는 너무 작고 명료하다. 이렇게 잘 구별되는 음은 자구가 큰 원자 집단인 것을 나타내고 있다.

그런데 최근에는 이 음의 발생에 대하여 조금 다른 해석들이 나오고 있다. 이 짧은 음을 자구의 자화 방향이 급히 변화하는 데 따라 생긴다고 보았으나, 음의 수를 잘 살피면 시료 안에 있는 자구의 수보다 훨씬 많다는 것을 알게 되었다. 거기서 이 음은 자구 경계의 변화—인접 자구 간에서의 가역적 증대와 이동에 의한다고 생각하고 있다. 이론에 의한 더욱 큰 성과의 하나는 물리학적 개념—이 경우는 자화의 강도에 새로운 의미를 부여한 일이다. 그뿐 아니라, 이론은 기지의 사실의 해석자 또는 새로운 사실의 예언자라고 하는 통상의 역할을 넘어 현상의 본질 그것에 대처하는 것이 가능하도록 되어 가고 있다.

이상은 로저스에 의한 해설이나, 이상 논술한 모든 것을 완전히 소화했다고 해서 그것만으로 강자성의 의미를 이해했다고 생각하는 것은 성급한 생각이다. 주의 깊은 독자라면 당연히 몇 개의 의문이 남을 것이다. 예를 들면, 상자성체의 원자를 자계 방향으로 정렬시키는 데는 강자성체의 수천만 배나 강한 자장이 필요하다고 하는데 왜 그런가?

원자를 하나하나 이동시키는 것은 그 대집단을 이동시키는 것보다 쉬워야 할 것이다(전위 이론을 상기하면 좋다). 상자성체의 원자를 무질서한 군중으로 보고, 강자성체의 그것을 대오 정연한 군대로 보면 로저스의 방법으로 설명이 가능한가? 자구라는 한 부대는 그 안에서 정렬을 한다고 하지만 사단장이나 총 사령관의 눈으로 보면 전혀 다른 방향을 보고 있으며, 어떤 부대는 모여서 방형진(方形陣)을 치고 있기도 하다.

그래서 이런 해답이 있을지도 모른다.

"대군중을 정렬시키는 데는 명령을 개개의 인간에게 전부 각각 전해야 하지만, 군대는 그렇지 않다. 명령 계통이 확실히 되어 있으니 부대에 간단한 명령을 내리면 정렬이 된다."

그러나 이 해답은 잘못된 것이다. 왜냐하면 외부 자계는 개개의 원자에 직접 작용하는 것으로 자구는 문제가 되지 않는다. 명령은 순식간에 각 개인에게 전해진다. 그러면 왜 강자성체의 자구가 방향 전환이 용이한 것인가? 문제는 자구의 성장에 있다. 자화가 시작되면 다행히도 외부 자장과 그 방향이 일치하는 자구가 다른 불운한 지구를 침식하여 왕성히 성장을 하게 된다. 자구와 자구의 경계는 100에서 1,000개 정도의 원자 층으로 성장하는 자구에 가까운 것부터 순차적으로, 인접 자구 원자의 자기 모멘트를 전향시키면서 자기 영역을 넓혀간다. 그 결과 경계는 상당히 빠른 속도로 이동을 하며, 그 속도는 1초 간에 수십 미터에 이른다.

강자성체의 자구 구조에 대한 이야기는 다음 점들이 명백히 되지 않으면 독자에게는 단순히 형식적인 추찰(推察: 미루어 생각하여 살핌) 같은 느낌만 줄 것이다.

1. 자구는 왜 발생하는가? 원자가 자발적으로 모여 동일 방향의 자기 방향을 갖는 것은 왜인가?

2. 엄밀한 정렬 상태가 얻어지는 것은 자구 내 뿐이며, 재료 전체 로는 영구 자석이 되지 않는 것은 왜인가?

3. 수천 만 개의 원자를 포함한 자구의 자기 모멘트가 통일수의 상 자성체 원자를 방향 전환시키는 것보다 쉬운 것은 왜인가?

이에 대하여 가능한 한 쉽게 설명을 해 보자.

강자성체의 성질은 그 개개의 원자 성질의 총화(전체의 화합) 는 아니다. 예를 들면 가스 상태의 철 원자는 반자성적 내지는 약 상자성적 성질을 갖고 있다. 강자성, 그것은 철 원자의 성질 이 아니고 철 결정의 성질이다. 결정의 구조에 관해시는 이미 논술한 바와 갑나.

잘 알려진 바와 같이 상공에 공을 던졌을 때 돌은 위치 에너 지를 증가시키며 상승해 가다가, 그 에너지를 잃으며 낙하하여 내려와, 결국은 지구 인력장에서 최소의 위치 에너지를 갖는 장소―지면에서 멈춘다. 같은 원리로 결정내의 원자도 그 내부

에너지를 최소로 하는 위치에 배열하고 있다. 자기 모멘트에 관해서도 같으며, 모든 계의 위치 에너지를 최소가 되도록 배열하려 한다.

이미 알다시피, 이 조건을 만족하는 배열이란 모든 자기 모멘트를 서로 평행하게 놓았을 경우이나, 그러기 위해서는 봉자석 중의 수천억 이상이 되는 원자를 배열하여야 한다. 새로이 중요한 것은 봉자석과 같이 한 방향에 놓인 자기 모멘트의 배열에도 위치 에너지는 최소가 되지 않는다(그 증거로 봉자석에는 외계에 대한 강한 자력이 나타나 있다). 과잉의 위치 에너지를 갖는 배열, 그것은 결국 불안정한 것이다.

그러면 어떻게 하면 좋은가? 앞에서 설명한 바와 같이, 다수의 자기 모멘트간의 모든 상호 작용 에너지는 외부에 자극이나 자장이 나타나지 않도록 전체로 뱅뱅 돌리는 원형(자화 링의 예)으로 배치되었을 때 최저가 된다. 이와 같이 자성체내의 소구역(자구)에서는 원자의 자기 모멘트를 평행하게 배치하는 것이 위치 에너지를 저하시킨다. 자구에서는 그들이 통계적으로 다수의 닫힌 링을 구성하도록 배치하는 것이 모든 계(界)의 에너지를 다시 저하시켜 계가 안정화된다. 이것이 강자성체에 자구가 발생하는 참 원인이다.

란다우의 이론에는 자구의 크기는 물질 자신의 크기에 의하여 정하여진다. 예를 들면 0.1 ㎛ 정도의 결정체가 되면 자구는 하나밖에 안 된다. 이론에 의한 이 예언은 실험으로 잘 증명되었다.

그러면 강자성체가 자화할 때의 교묘함에 대해서도 해명을 하자. 늘 말하듯 '모든 것은 처음이 중요'하며, 예를 들면 증기

강자성체와 상자성체의 이미지

의 농축에서도 아주 작은 먼지나 이온이 존재하면 농축이 아주 쉽게 이루어진다(고에너지 입자의 검출에 쓰이는 윌슨 안개상자의 원리).

원자의 자기 모멘트의 방향 전환도 같다. 물체 중에 이미 '바람직한' 방향으로 정렬한 소구역이 존재하면 자화는 훨씬 쉽게 이루어진다. 그러면 상자성체에서는 어떠한가? 상자성체 중의 원자가 아무리 무질서한 자기 모멘트의 배열을 하고 있다고 하지만 '바람직한' 방향에 향해서 있는 것도 다수 존재하는 것이 아닌가? 강자성체 원자의 자기 모멘트에는 상한 싱호 작용이 있으나 상자성체에는 그것이 없는 것이 지회의 차이가 생기는 원인인 것이다. 상자성체 원자의 자기 모멘트는 넓은 침대에 홀로 누워 있는 사람과 같이 마음대로 굴러서 방향 전환을 할 수 있으나, 강자성체의 그것은 소형 침대에 여러 사람이 꽉 차게 누워 있는 것과 같아서 몸의 움직임은 상호 작용에 의하여 강하게 규제되고 있다. 어떻게든지 돌아누우려면 모두가 다 같이 호흡을 맞추어 돌아눕는 방법이 각자가 임의로 돌아눕는 것보다 훨씬 쉽다. 이와 같이 자구에서는 원자의 자기 모멘트 간에 작용하는 아주 강한 상호 작용이 자구 전체의 자화 방향을 정하고 있는 것이다.

1933년, 란다우는 물리학에 반자성의 개념을 도입했다. 이 성질의 원자로 자기 모멘트간의 위치 모멘트가 최소로 되는 것은 그것이 완전히 역순위로, 즉 첫 번째를 어떤 방향으로 하면 두 번째는 그 역 방향으로, 세 번째는 다시 같은 방향, 네 번째는 또 그 역방향이 되도록 배열했을 때이다. 반강자성체는 강자성체보다 물질의 종류가 많고, 어느 나라에서도 광범위한 연구 대상이 되고 있다.

자성은 아주 흥미있고 중요한 문제이나 아직도 그 모든 것이 이해된 것은 아니다. 오래 전에 이론 물리학자 디랏구는 최소의 대전체(帶電體)로서 전자가 있는 것과 마찬가지로, 자연 중에도 최소의 대자체―자기 소자―가 존재할 것이라는 추측을 했다. 만일 이와 같은 소자가 존재한다면 자기는 전류의 부산물로서 발생하는 것으로 단정해 온 전기자기의 이론에 이들 현상의 현대적 해석에는 결여된 대칭성을 추가하는 것이 된다.

물리학자들은 강력한 소립자 가속기 등에 의하여 자기 소자의 탐구를 열심히 하고 있으나, 아직도 이를 발견하지 못하고 있다.

절대 영도의 부근에서

영국의 구둣가게 아들이며, 젊을 때는 자신도 제화공이었던 윌리엄 스테르젠은 1825년, 철심이 있는 전자석을 발명했다. 전자석은 현관의 작은 초인종에서부터 거대한 싱크로트론까지, 그리고 모든 전동 모터와 발전기 안에서 바르게 작동하고 있다. 전자석을 모든 근대적 전기 기계 및 장치의 심장이라 부르는 것은 아주 당연한 일이다.

그런데 여러분은 전자석이 투입한 에너지를 거의 낭비해 버리는 장치인 것을 알고 있는가? 어떤 어리석은 자가 그런 쓸모없는 장치를 만들 것이냐고 여러분들은 할지 모르나 현실은 그러한 것이다.

예를 들면, 전자석에 전류를 통하면 그 도선의 저항 때문에 열이 발생(전기 면도기나 전기 청소기가 더워지는 것을 경험한 적이 있을 것이다)하여 불필요한 에너지를 소비하게 된다. 전자석에 자장을 발생시킬 때는 전류를 통한 순간에 적은 에너지가 요구될 뿐이며, 후의 자장 유지에는 사실상 에너지가 요하지 않을 것이다.

이미 지금까지 전혀 불가능하다고 생각했던 일들이 큰 과학적 발견에 의하여 단숨에 가능하게 된 몇 개의 예를 알고 있으나, 초전도체의 발견도 아마 좋은 일례가 될 것이다.

네덜란드의 학자, 카메를링 오너스는 온도의 절대 영도(켈빈 온도 K에 의하여)에 근접하기 위하여 오래도록 끈질기게 연구를 진행하여 왔다. 그는 처음으로 헬륨의 액화에 성공했다. 헬륨의 비등점은 4.22K로 −268.94℃와 같다.

이와 같은 기록적인 저온도를 얻은 학자는 극저온에서 물질이 어떻게 대응할지 그리고 각종의 과정이 어떻게 진행할지에 관해 열심히 연구했다. 수은의 순번이 왔을 때, 오너스는 수은

선(극저온에서는 철과 같이 단단함)을 헬륨 액체에 담그어 전기 저항을 측정하려 했다. 그러나 아무런 저항이 없었다! 전류는 외부에서 공급되고 있지 않는데, 며칠 동안이나 수은도선에 계속 흐르는 것이었다. 오너스는 이 발견을 네덜란드의 타 도시 위트레흐트 학자들에게 편지로 알렸으나 아무도 믿지 않았다.

하지만 아무런 저항 없이 영구히 흐르는 전류는 무언가 초자연적인 영구 기관을 연상케 했다. 그래서 오너스는 헬륨의 용기 안에 환으로 된 도선을 넣어 전류를 발생시켜, 그것을 열차에 싣고 위트레흐트로 향했다. 위트레흐트에 도착했을 때도, 전류는 아무 일도 없었던 것 같이 전선을 흐르고 있었다. 오너스의 이 발견은 1911년의 일이며 '초전도 현상'이라 이름 붙여졌다.

초전도의 사실을 알게 된 세계의 과학자들은 전혀 에너지를 소비하지 않는 전자석이나 에너지 소비가 없는 고압전선 등을 꿈꾸게 되었다. 그러나 그 실현은 간단치가 않았다.

자장은 초전도체를 흐르는 전류에 작용시켜 얼음 부스러기에 화염을 댄 것 같이 초전도 현상이 곧 소멸했다. 학자들은 좀 더 높은 온도에서 초전도로 변하는 금속이나 합금을 얻는다면 낮은 온도에서 강한 자장에도 견딜 수 있다는 것을 알고 있었다. 여기서 이와 같은 성질의 금속 또는 합금을 탐색하는 일이 수십 년 계속되었다. 그 사이 비행기는 "하늘을 나는 겹날개"의 시대에서 점보제트의 시대로 변했다. 이 일은 대단히 어려워서 때로는 절망적일 때도 있었으나 착실히 진보해 왔다.

1957년 초전도 현상을 완전히 설명할 수 있는 이론이 확립되었다. 러시아의 학자 긴즈부르크, 란다우 외에 아브리코소프, 고르코프 등은 이론 확립에 지도적 역할을 하였다.

초전도를 갖는 금속을 찾아서

지금까지 초전도를 나타내는 금속 약 30종, 합금은 수천 종이 발견되었다. 합금의 어떠한 것은 20K까지 초전도 상태를 유지한다. 러시아에서는 바이코프 야금연구소, 중앙 모스크바 철금속 과학연구소, 러시아 과학아카데미, 레베데프 물리학연구소 등에서 많은 초전도성 합금이 발견되었다. 예를 들면 나이오븀-지르코늄, 나이오븀-타이타늄, 바나듐-타이타늄, 나이오븀-지르코늄-구리, 나이오븀-지르코늄-텅스텐, 나이오븀-지르코늄-주석 및 나이오븀-타이타늄-구리 등의 합금들이다.

어떤 초전도 솔레노이드를 써서 15만 에르스텟의 초강력 자계가 얻어졌다. 이것은 지구 자장의 30만 배에 상당하나 아직 한계는 아니다. 이 솔레노이드는 한번 전류를 보급 받으면 이론적으로는 영구히 작동한다. 혹자는 영구 기관을 완성한 것 같이 생각할지도 모른다. 그러나 초전도 솔레노이드와 영구 기관은 전혀 다른 것이다.

거대한 싱크로트론은 그 외경이 수백 미터, 무게가 수만 톤에 이르는 전자석이며, 여기에 공급되는 전력은 큰 도시의 소비전력에 버금간다. 초전도 솔레노이드 1kg으로 발생시킬 수 있는 자력은 전지적 20톤에 상당하므로, 싱크로트론에 초전도 솔레노이드를 쓰면 이것을 훨씬 소형 및 경량화 할 수 있다.

플라스마의 제어에도 초전도 솔레노이드가 사용된다. 핵융합 반응을 일으킬 플라스마는 약 10억 도의 온도, cm^3 당 입자 약 10^{15}개, 압력은 약 120기압이라고 하고 있다. 이와 같은 플라스마의 제어는 초강력 자계에 의존할 수밖에 없으며, 이와 같은 자계를 비교적 작은 공간에 만들 수 있는 것은 초전도 솔레노이드밖에는 없다. 대용량 장거리 송전에도, MHD발전에도, 기타 레이저나 전자 현미경 등의 전자기기에도 초전도체는 꼭 필요하다.

흥미 있는 사용방법으로는 우주선의 방호용에 초전도 솔레노이드가 쓰이는 제안을 한 것을 문헌에서 찾아볼 수 있다. 태양면의 폭발에 의하여 대량의 전자파와 양자가 그곳에서 방출되지만 우주비행사에게 위험한 것은 특히 후자의 '양자류'이다. 전파는 광속(1초에 300,000km)으로 우주공간에서 전파되지만 양자는 상당히 느리다. 그래서 태양 전파가 급히 증가하면 우주선의 초전도 솔레노이드를 가동시켜 그 자장의 힘으로 양자류를 비켜가도록 하여 비행사를 보호하려는 것이다. 우주공간의 저온도는 초전도 자석에 필요한 조건을 만들고 있어 태양의 방사열은 특수한 원통으로 반사시키면 된다.

전자계산기의 기억 소자로서도 초전도체의 성질은 효율적이다. 초전도 상태는 임계자장에 의하여 순간적으로 붕괴되며 자장을 거두면 즉시 복원한다. 이 원리를 이용하여 크라이오트론(초전도 소자)이 만들어져서 컴퓨터에 사용되고 있다. 또한 대구경에서 소구경으로 자장을 조여 강력화 하는 자기 펌프나 자기 반사체 등 흥미로운 것들이 많이 있다. 이와 같이 초전도체의 이용 범위는 대단히 크지만, 그 전도는 기계적 성질이 불량하기 때문에 예측이 어렵다. 예를 들면 나이오븀 주석 합금은 금속이라고 하기보다 도자기에 가까운 성질이 있으며, 이것으로 긴 도선을 만들어 코일에 감는다는 것은 거의 불가능한 일이다.

또 다른 하나의 저해 원인은 그 작동 온도이다. 액체 헬륨 온도를 장시간에 걸쳐 유지하는 것은 비용이 많이 들며 기술적으로도 아주 어렵다. 러시아와 미국에서는 나이오븀-알루미늄, 나이오븀-저마늄 합금을 기본으로 액체 수소 온도(20.4K 즉 -253℃)에서도 초전도가 얻어지는 재료를 개발했다. 그러나 액체 수소를 공업적으로 다량을 사용하는 것은 기술과 안전 대책의 양면에서 대단히 문제가 많다. 결정적인 해결책은 액체 질소 온도(이것은 헬륨 온도보다 훨씬 높으며, 77K보다 약간 높다. 약 -196℃)에서도 충분히 작동할 수 있는 초전도 재료를 찾아내는 것이다.

물론, 많은 과학 몽상가들은 냉각이 필요 없는 실온뿐만이 아니라 고온에서도 작동되는 초전도체의 발명을 꿈꾸고 있다. 미국 캘리포니아 대학의 A. 리틀 교수나 러시아 과학아카데미 회원 긴즈부르크 등의 계산에 의하면 그 꿈은 이론상 불가능한 일 만은 아닌 것 같다. 그들의 의견으로는 그것은 금속 재료가 아니라, 어떤 종류의 고분자 재료로서 2,000K(약 1,700℃)에서도 초전도 상태를 가질 것이라고 하고 있다.

이와 같은 재료가 발명되면 몽상가들의 꿈이 일거에 실현되어 초전도 선로상을 비행기와 같은 속도로 떠올라 활주하는 각종 이동 수단 또는 에너지 소비가 없는 전력 수송의 개발이 실현될 것이다.

그러나 이러한 진보는 전부가 원하는 것처럼 빠르게 개발되지 못하고 있다. 새로이 발견되는 초전도 재료는 착실히 그 수를 늘려가고 있으며, 반도체에 관해서도 광범위한 탐색을 하고 있다. 선진국에서는 많은 기업 및 정부 연구기관에서 초전도 재료 및 그 자석의 연구가 이루어지고 있으며, 러시아에서도 이 문제에 지대한 관심을 두고 있다. 몽상 작가의 상상에 불과했던 일들이 오늘날에는 과학적 연구의 테마가 되고 있으며 가까운 장래에 이들이 우리들의 일상생활 속에 파고들 것은 의심할 여지가 없다.

결정 중의 도서관

1971~1975년 신 5개년계획에 관한 지령 중에는 다음과 같이 쓰여 있다.

"정보의 수집, 보존, 전달, 처리의 자동화를 확보하는 일관적인 기술, 국내의 단일 자동화 통신망을 위한 기술적 수단을 개발할 것."

레닌그라드에서는 지금도 낮 12시가 되면 베드로 바우스크 요새의 방향에서 대포 소리가 들린다. 옛날은 이것으로 전 시민이 자기 시계를 맞추었다. 지금은 언제나 필요할 때 휴대폰을 보면, 몇 시 몇 분이라고 알려준다.

여기서 이러한 정경을 상상해 보자. TV 전화에 스위치를 넣고, 필요한 번호를 돌리고 문제를 준다. 수분 후 스크린에 해답이 나타나고, 아나운서가 설명을 한다……. 이러한 것은 전자계산기에 의하여 처음으로 실현되었다. 그 중의 기억 소자에는 자성재료, 초전도 금속 재료, 또한 반도체가 사용되고 있다.

본서에서는 반도체를 금속으로 보지 않았다. 여기서는 많은 금속간 화합물도 반도체적 성질을 갖는다는 것을 특기해 둔다. 이것은 이론가들에 의하여 예언되어 있었으나, 실험적으로 알려진 것은 1950년도 초의 러시아의 학자들에 의해서였다. 예를 들면 인디움 안티모나이드는 그 대표적인 예이며, 그 성질은 저마늄이나 회색 주석에 가깝다. 이와 같이 금속간 화합물에 반도체적 성질을 발견한 일로, 지금까지는 지극히 한정되어 있던 반도체 재료의 범위가 대단히 확대되었다. 반도체 기기의 설계자는 이제는 이들 재료 중에서 필요한 성질의 것을 거의 어떤 것에서도 선택하여 사용할 수 있다.

9장
고온의 강습

금속은 왜 열에 약한가

고층 건물이 불에 타면 붕괴하는 것은 왜 그럴까? 그 철골은 불 속에서 타지도 않았으며 용해되지도 않았는데 말이다. 이것은 이미 알다시피 철이 고온에서는 변하여 감마상이 되어 그 결과 강성을 잃고 작은 힘에도 잘 변형하기 때문이며, 철골은 건물의 무게에 의하여 무너지는 것이다.

철은 융점에서 약 300℃ 낮은 온도에서는 실온에서의 납보다도 연해진다. 이 성질 때문에 단조나 압연 등의 소성 가공이 가능하게 되는 것이지만 강도는 20분의 1로 저하된다. 이것은 카멜레온 금속에 공통된 성질로 철만 그런 것은 아니다. 그러나 우주시대의 기술에는 고온에서 그것도 큰 무게에서 장시간 사용할 수 있는 재료가 꼭 필요한 것이다. 예를 들면 로켓의 가장 상단 부분, 연소실, 엔진 노즐, MHD 발전기, 가스 터빈 등 고온에서의 용도는 확대되고 있다.

금속은 분명히 고온에서 약하게 된다. 그러나 가스 터빈 등의 효율은 그 사용 온도가 높을수록 상승한다. 1940년대의 항공기용 터빈의 날개의 내용 온도는 700℃를 넘지 못했으나, 오늘날에는 850℃ 정도까지 높여져서 엔진의 효율도 대폭으로 상승했다. 그러나 그 이상의 온도 상승은 연료 때문이 아니라 재료의 신뢰성이 얻어지지 않기 때문이다. 그러면 고온에 견디는 재료는 어떻게 하여 만들어지는가? 이 문제를 검토하기 위

해 우선 최초로 고온에서 금속 합금의 강도가 무엇에 좌우되는
가를 알 필요가 있다.

물론 녹는점 이상의 온도에서는 어떠한 재료도 별 수 없다.
그러나 녹는점이 높은 재료일수록 결정격자내의 이온간 결합도
강고한 것은 명백하다. 금속 중에서 제일 녹는점이 낮은 것은
수은이며 -39℃이고, 제일 높은 것은 텅스텐으로 3,380℃이다.
온도가 높으면 격자점에서 금속 이온의 열진동이 크게 된다.
이 흐늘흐늘한 결정격자는 외부에서 작은 하중만 가해져도 곧
파괴되어 쓸 수 없게 될 것이다.

가열된 금속 결정입자의 경계에는 외계의 하중에 의하여 점
점 내부 응력이 축적해 가서 돌연 금속 제품을 파괴시키는 원
인이 된다. 이러한 것이 특히 강하게 나타나는 것은 육방정의

경우이며, 그것은 그 입자의 열팽창이 등방성이 아니고 한 방향으로는 크게, 다른 방향으로는 적게 팽창하기 때문이다(어떤 금속은 4배의 차이가 난다). 이 경우의 금속 입자는 각각 마음대로 팽창하려 하지만 인접 입자 때문에 강하게 규제된다. 이 때문에 입자 경계에서의 응력이 커진다. 그 좋은 예가 타이타늄이다.

체심 입방과 변심입방의 격자는 각 방향에 균등하며, 같은 방향으로 팽창하므로 그리 큰 응력 집중이 일어나지 않는다. 그렇기 때문에 온도의 상승으로 인해 강도가 저하하는 경향이 조금은 약하다. 감마철은 독자도 기억하듯이 면심입방격자를 갖고 있다. 그래서 감마철은 내열강의 기질로써 활용된다.

어떻게 금속을 도울 것인가

철의 이온간 결합을 강하게 하고, 변하는 것을 어렵게 할 목적으로 내열성 금속, 예를 들면 텅스텐, 몰리브데넘, 나이오븀을 첨가하여 합금화한다. 몰리브데넘 또는 텅스텐을 1%(원자수로) 첨가하면 녹는 온도가 수십 도나 높아진다. 텅스텐은 강의 경도를 증가시키며 그것은 적열 상태에서도 유지된다. 또한 전위의 운동을 곤란하게 할 목적으로 철에 알루미늄이나 타이타늄이나 내열성의 탄화물을 첨가하기도 한다.

한편, 고온에 있어서 철의 성질에 크게 해를 주는 것은 융섬이 낮은 불순물이다. 유황, 납, 비스무트 등은 입자간의 경계에 농축되어 그 내열성을 저해한다. 그래서 내열성을 목적으로 하는 초합금을 만들 때는 이주 순도가 좋은 원료를 쓸 필요가 있다.

멘델레예프 표에 있어서 기본 금속(주성분)과 합금 원소의 위치가 서로 멀리 떨어져 있을수록 이 둘의 원자간 결합은 금속적에서 화학적으로 되나, 이 경우에는 이 둘의 상호 용해도가 저하한다. 그래서 현대의 내열성 초합금에는 원자 간에 화학적 결합을 만드는 것 같은 10종류 이상의 합금 원소가 동시에 첨가되는 경우가 많다. 이렇게 함으로 열처리 중에

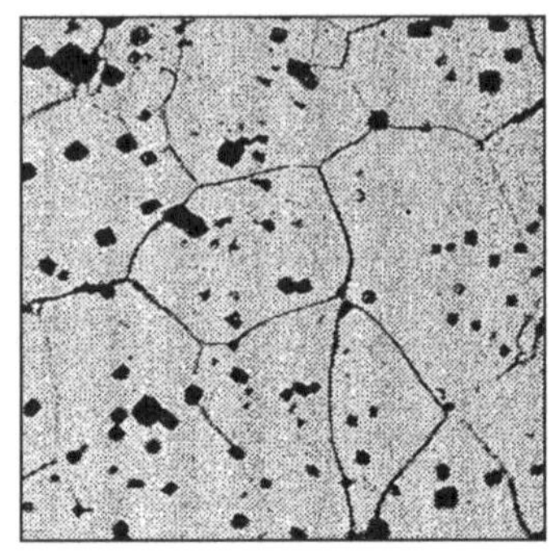

미립자를 분산시켜 강화한 조직

합금 원소가 과포화 고용체에서 석출되어, 미세한 입자를 만들어 합금 중에 분산된다. 이들 미립자는 기본 금속의 입자 경계에 축적되어 균열의 발생을 방지하고, 이에 의하여 금속은 강화된다.

금속이 하중 하에서 변형하면 가끔 그 결정면에서 '미끄럼'이 발생한다는 것을 기억하고 있을 것이다. 예를 들어 구두의 뒤축이나 밑창이 떨어져 나가지 않도록 하기 위하여 풀칠을 하든가 못을 치든가 한다. 같은 원리로 과포화 고용체에서 석출된 미세한 금속간 화합물은 원자 크기의 못으로 작용하여 인접한 결정면 사이를 고정시킨다. 이 때문에 금속의 강도가 현저히 높여진다. 초기의 내열용 초합금은 1940년대에 나타났다. 그것은 탄화물 미립자를 포함한 오스테나이트강이며, 600~700℃까지는 사용 가능하다. 이 합금의 기본이 되는 것은 주기율표에서 철의 이웃인 니켈과 코발트이다. 이 둘은 녹는점이 상당히 높으며, 원자간 결합도 충분히 강고하고 고온상은 면심입방격자이다. 그러나 이와 같은 기본 금속으로 철, 니켈, 코발트 등

을 쓰는 초합금에서는 1,000℃를 넘으면 쓸 수가 없다. 새로이 고온에서도 쓸 수 있는 재료를 얻으려면 기본 금속으로 내열성 원소를 쓸 필요가 있다.

원소의 내열성이 그 원자간 결합 에너지에 좌우되는 사실은 이미 아는 사실이다. 멘델레예프 주기율표 Ⅳ~Ⅶ족의 전이 원소는 앞에서 논술한 바와 같이 최외각 전자뿐만 아니라 내부의 미완성각의 전자도 결합에 관여하고 있으나, 각 주기에서 아주 내열성이 있는 것은 Ⅵ족의 원소 크로뮴(융점 약 1,900℃), 몰리브데넘(2,620℃), 및 텅스텐(3,380℃)이다. 텅스텐은 내열성에 관한 한 금속 중에서 챔피언이다. 그러나 이 금속은 내산화성이 약해서 공기 중에서 700℃ 이상이 되면 그 산화물이 급격히 증발하기 시작한다(다른 금속들을 대기에서의 산화를 막고 있는 것은 그 표면에 생긴 강고한 산화물의 박막이다). 이 때문에 텅스텐을 대기 중에서 사용하려면 복잡한 합금을 만들거나 그 표면을 내열성 산화물로 피복할 필요가 있다.

한편, 하나의 텅스텐을 기질로 한 합금을 만드는 것도 쉬운 일은 아니다. 왜냐하면 텅스텐의 융점에서는 다른 모든 금속이 기화하여 날아가기 때문이며, 그 용해법으로는 아크나 전자빔, 플라스마 등이 사용된다. 분말 야금법에 의하여 합금을 만드는 일도 물론 이루어진다.

두 번째로 내열성을 갖는 것은 레늄(3,160℃)으로 이것은 부식의 두려움이 없을 뿐 아니라, 기계적으로도 대단히 강하며 내마모성이 크다. 그러나 레늄은 아주 희소한 원소이며 백금처럼 가격이 높다.

점점 강하게, 그리고 강하게

대규모의 화력 발전소, 원자력 발전소의 건설, 대출력의 가스 터빈, 에너지 생산 장치, 초음속 여객기의 제작과 운용 등 대하중하에서 고온에 견딜 수 있는 재료는 꼭 필요한 것이다. 탄탈럼에 텅스텐(8%)과 하프늄(2%)을 첨가한 합금은 2,000℃의 고온에서도 견딜 수 있으며, 극저온에서도 푸석하게 되지 않는다. 또한 가공성도 좋고 용접도 가능하다. 이 우수한 특성을 이용하여 외국에서는 로켓의 연소실이나 엔진 덮개를 제작하고 있다.

탄화탄탈럼이나 탄화하프늄의 혼합물은 4215℃까지도 경도를 유지한다. 이들 탄화물의 융점은 텅스텐보다도 훨씬 높다. 예를 들면 탄화나이오븀(3,770℃), 탄화지르코늄(3,800℃), 탄화탄탈럼(4,150℃), 탄화하프늄(4,200℃)가 된다.

탄화물의 경도는 다이아몬드에 근접하고 있으나 대단히 푸석해지기 쉽다. 그러나 우리들은 그것을 쓸 수 있게 만들고 있다. 즉 분말 야금법을 이용하거나 다공질의 소결체(탄화물 분말을 소결시킨 것)에 용융 금속을 침투시키는 방법으로 미세한 탄화물 입자가 소성을 갖는 기질 금속 안에 고르게 분산된 구조의 재료를 만들 수 있으며, 이것을 '사메드'라 부른다. 사메드 재료로 고온 버너의 노즐을 만든다.

그러나 기술자들은 이미 6,000℃에 견딜 수 있는 재료를 꿈꾸고 있다. 그것은 과연 실현 가능한 것인가? 이 문제의 해답은 아직 없다. 진실로 충분한 가치 있는 내열성 이론은 아직 확립되지 않았으나, 이 상태는 문제의 해결에 현대 양자 역학이 도입될 때까지 계속될 것이다. 내열성의 비밀이 금속 합금의 전자 구조와 변형시에 일어나는 그 변화를 알므로 해결될 것이 명백하나, 내열성과 같이 복잡한 현상과 과정을 계산하려면 이론 자체가 더욱 발전할 필요가 있다.

　장래에 다수의 금속 재료 중에서 텅스텐보다 내열성이 좋은 고온용 재료가 발견된다는 것은 결코 불가능하지 않다.

10장
피라미드의 정점

초정밀 기구용의 금속

러시아의 민화 중에 나오는 지지코프는 쓸데도 없는 죽은 사람의 혼을 열심히 사 모았으나, 똑같은 일을 견실(堅實)한 영국 상사가 시도했었다.

1929년의 일이다. 이 상사는 시베리아에 있는 비철금속 제련 공장의 책임자에게 공장의 주위에 쌓아 놓은 폐광석의 산을 전부 사겠다고 제안했다. 그것도 상당한 금액을 지불한다는 조건이었다. 지지코프는 죽은 사람을 땅 속에서 파낼 필요는 없었으나 영국인은 수만 톤의 암석을 멀리까지 운반하지 않으면 안 되엇다. 뽑을 것은 전부 뽑아버린 폐물이 왜 그렇게 필요했을까? 주의 깊은 화학 분석 결과 이 아무것에도 쓸모없는 것으로 알았던 폐물 중에는 아주 희귀한 원소 레늄(Re)이 함유되어 있다는 것이 알려진 것이다. 물론 이 거래는 성립되지 않았다.

레늄은 1871년 멘델레예프에 의하여 그 존재가 예언되었으나 그 때부터 반세기 이상이 경과한 1925년에 독일의 화학자 놋다그 부처에 의하여 우랄산맥 백금 광석의 시료 안에서 발견되었다. 레늄의 이름은 독일의 라인강과 라인 지방에 경의를 표하여 명명된 것이다.

레늄이 최초로 1g 채취된 것은 1928년이다. 거기에는 금의 수십 배에 해당하는 경비가 들었다. 1930년도의 레늄의 세계 총 생산량은 불과 3g이었다. 이것은 당연한 일이다. 레늄은 지

구상에서 가장 희귀한 원소의 하나이기 때문이다. 만일 지구에 있어서의 각종 금속의 존재 비율(크리크 수)을 피라미드의 형으로 표시한다면, 알루미늄이나 철은 피라미드의 넓은 기반을 이루고 레늄은 제일 꼭대기의 돌이 될 것이다.

레늄은 타원소의 사이에 아주 널리 분산되어 있어 레늄만 있는 광석이란 없다. 이 금속의 작은 조각을 얻으려면 산과 같은 암석을 처리할 필요가 있다. 이 때문에 레늄은 예를 들면 몰리브데넘 제련의 공정에서 나오는 먼지 중에서 추출되고 있다. 이 금속의 생산량은 모든 귀금속의 생산량보다 훨씬 적다.

그렇다면 아주 희귀하고 아주 채취 곤란한 원소가 왜 그렇게 훌륭한 것인가? 레늄 단결정의 여러 성질에 관한 연구는 바이코프 야금연구소를 중심으로 행하여 왔으며 레늄을 포함한 상태도도 30종 이상이 연구되었다. 또한 레늄과 내열성 원소와의 합금, 합금에서 제품화까지의 제조과정에 대하여도 개발이 진

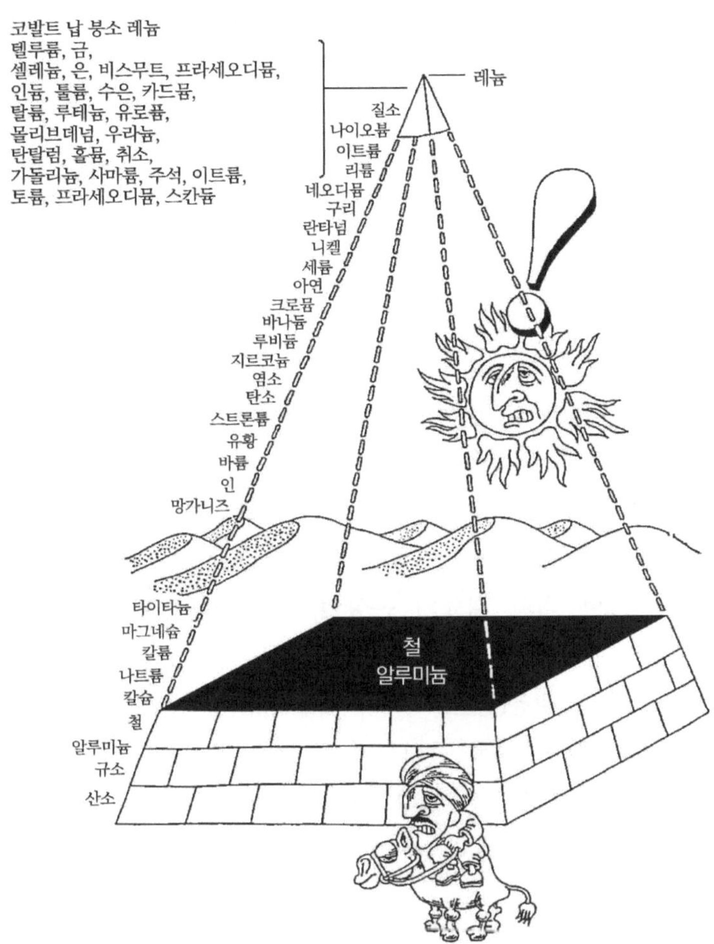

시구상에 존재한 금속의 양 질과 알루미늄은 피라미드의 기초가 되고, 레늄은 그 정점에 있다

행되었다.

레늄은 극히 단단한 은백색의 금속으로 외관은 백금과 비슷하다. 비중은 21로 철의 약 3배이나, 융점은 3,160℃로서 텅

스텐에 비해 떨어질 뿐이다. 화학적으로는 안정하며, 공기 중에서는 산화하지 않으며, 산이나 알칼리에 작용되는 것도 극히 적다.

높은 융점, 현저히 강한 기계적 성질과 경도, 특별한 내식성과 내구성, 귀중한 전기적 성질을 모두 갖고 있는 이 금속은 장래의 핵공학, 우주장치, 전기 전자 기술, 정밀공학 등에 아주 기대되는 재료로 되어 있다.

예를 들면, 진동, 공기산화, 고온, 해수중 등의 부식 환경에 사용하는 전기용 접점(Constact)은 텅스텐으로 만들면 며칠 못 가지만 레늄으로 만들면 수개월, 1년도 사용할 수 있다. 레늄은 진공관 부품으로서 히터, 그리드, 도선 등으로 사용하면 텅스텐보다 좋은 결과를 얻을 수 있다. 그것은 진공관 중에 잔류한 극미량의 가스에 의한 재료의 손상이 레늄에서는 대단히 적기 때문이다. 이 때문에 레늄과 그 합금을 사용한 진공관이나 텔레비전 브라운관은 내용(耐用: 기계나 시설 따위가 오랜 기간 사용해도 견디어 냄) 기한이 대폭 증가하여 품질과 확실성의 점에서 전혀 새로운 제품을 만들 수 있다. 또한 2,000~2,500℃ 정도의 영역에서 온도를 검출하는 데 적절한 열전대(Thermo Couple)는 레늄 텅스텐 합금제다.

레늄 합금제의 펜촉은 영구적으로 사용할 수 있다. 마모에 대단히 강한 이 합금으로 나침반, 초정밀 기구용인 우수한 베어링이나 바늘이 만들어진다.

레늄 합금은 정밀하며 강도가 있는 도선에는 불가결의 재료이다. 머리카락보다도 가는 레늄실은 7kg의 하중을 견딘다. 이 실을 이용한 계기용의 비틀림 용수철은 세계에서 최우수품이라

할 수 있다. 그러나 부품의 사용방법에 따라서는 필히 부품 전체를 레늄으로 만들 필요는 없다. 예를 들면, 전구용의 텅스텐선을 레늄으로 피복하면 내용(耐用) 기한이 여러 배로 증가한다. 이와 같은 고가의 금속은 일반적으로 아주 중요한 부품에 소량만 쓰는 것이 보통이다.

앞에서 논한 레늄의 특성과는 별도로 합금 성분으로서의 성능도 주목해 볼 가치가 있다. 예를 들면 텅스텐이나 몰리브데넘의 합금은 상온 이하에서는 유리같이 푸석하며, 가공이 곤란하다. 그러나 여기에 레늄을 첨가하면 소성을 얻어 공업적 가공이 가능하게 된다. 레늄이 없으면 내열성 금속으로 대형의 구조용 재료를 만드는 것은 도저히 불가능할 것이다. 이외의 금속에도 레늄을 첨가하면 융점이 높아져서 성질이 개선됨과 동시에 내용기간을 증가시킨다. 이와 같은 레늄과 그 합금의 성질에 관한 연구를 적절한 때에 시작한 덕분에 러시아는 그 분야의 연구에서는 세계의 일류라 할 수 있다. 많은 희원소는 그 성질에 관한 인식이 불충분하여 그리 널리 사용되고 있지 않다. 하지만 레늄에 관하여는 이러한 연구의 결과, 아무리 적은 양이라도 공업에 유용한 원소가 된 것이다.

무엇을 희원소로 볼 것인가

멘델레예프는 희원소란 그것을 함유한 광물이 자연계에 섞으며, 아직 실용화가 잘 이루어지지 않아 그 이름이 붙여진 것으로 알았다.

현재까지 알려진 104개의 원소 중 50 이상을 희원소로 보고 있으나 이들은 다음과 같이 분류된다. 즉, 경원소류, 내열성 원소류, 산재성 원소류, 희토류 원소류, 방사성 원소류 및 귀원소류다. 학자들은 연구에 의하여 점점 다종류의 원소가 생활 속으로 들어옴에 따라 희원소로 보던 것도 보통 원소의 부류로 이동하고 있다.

예를 들면 텅스텐—이것은 아주 오래된 희원소의 하나였으며, 이미 18세기에 발견되었으나 그리 실용화되지는 않았었다. 그것이 제2의 탄생을 맞고 있다.

텅스텐은 우선 강의 결정을 미세화하고 강화한다. 또한 강중에 생기는 탄화텅스텐은 강에 특별한 경도를 주었다. 텅스텐강은 선반용 바이트로 쓰이며 현대 기계 가공의 기초가 된다. 초고속 절삭 바이트로는 철을 함유하지 않은 텅스텐 크로뮴, 코발트 합금이 쓰인다. 이런 종류의 합금의 통칭인 '스테라이트'는 스테르(별)와 같이 산화하지 않고 금속 광택을 갖는 데에서 유래한다. 또한 텅스텐-니켈-구리 합금은 어떤 종류의 방사선 방호에 관해서는 납보다도 우수하며 강열한 방사성 물질의 컨테이너 재료로 사용된다.

텅스텐에 이어서 현대기술에 널리 이용되는 금속들은 다음과 같다. 몰리브데넘, 바나듐, 나이오븀, 인듐, 갈륨, 탄탈럼 등이다. 인듐을 표면에 피복한 베어링 볼은 통상의 5배의 내용기한을 갖는다. 또한 인듐 도금으로 만든 거울은 은제의 것보다 광의 반사율이 양호하며 해를 거듭하여도 변화가 적다. 이 금속을 쓴 거울은 천문학의 정밀기구용으로 대치할 수 없는 것이다.

갈륨은 흥미 깊은 성질을 갖고 있다. 약 30℃가 융점이나 비점은 2,200℃ 이상이다. 이 성질을 이용하여 고온용의 온도계가 만들어진다. 또한 장래의 고온 원자로용 열매체로서도 주목하고 있다.

바나듐은 강에의 첨가 원소로서 중요하다. 1905년 영국에서 벌어졌던 자동차 경주에서 한 대의 차가 사고를 일으켜 파괴된 엔진의 한 조각이 미국의 자동차 왕 헨리 포드의 수중에 들어왔다. 포드는 가벼우면서도 단단한 파편에 놀라 즉시 연구반을 조직하여 금속 중에 바나듐이 존재함을 찾아냈다. 포드사의 바나듐강은 단단하고, 가벼우며, 내피로성이 뛰어났다. 엔진에 사용하여도 내마모성이 보통 탄소강의 4~5배가 된다. 이를 통해 포드는 수많은 경쟁자를 이겨낼 수가 있었고, 후일 그 자신이 "바나듐이 없었다면 우리 자동차도 존재하지 않았을 것이다"라고 말하고 있다.

바나듐을 강에 첨가한 효과는 첫째, 용강 중에 가스 성분(주로 산소와 질소)과 반응하여 화합물의 형태로 가스를 제거하는 것이다. 이로 인하여 응결시의 기포 발생이 방지된다. 둘째로 강중에 생성된 탄화바나듐이 강의 결정립을 미세화 하는 것으로 금속은 경고하며 가단성(可鍛性: 고체가 외부의 충격에 깨지지 않고 늘어나는 성질)이 생긴다. 이러한 성질이 고온에서도 유지되는 것은 엔진용 재료로서 큰 가치가 있다.

바나듐은 철 이외의 금속에도 첨가된다. 예를 들면 바나듐 3%를 함유한 알루미늄 합금은 경도가 높으며, 습기나 해수에 대한 내식성이 크다. 이 합금은 해군용의 항공기나 선박에 사용한다.

탄탈럼, 나이오븀과 그 합금은 고온에서의 강도가 대단히 크며, 1,100℃ 이상에서도 장시간 사용할 수 있다.

이와 같은 희원소의 이용은 사람들이 모르는 사이에 옛날부터 시작되고 있었다. 예를 들면 다마스쿠스 강은 텅스텐을 함유한 광석으로 제작되었으며, 일본의 사무라이의 칼에는 몰리브데넘강을 포함한 광석이 쓰였다. 합금화가 자연히 된 덕분에 아주 고품질의 강을 손에 넣을 수가 있었던 것이다. 비밀은 그 토지의 광석 성분에 있었던 것이다.

오늘날에도 희금속의 이용 분야는 대부분 강이나 다른 금속의 합금 원소로 사용한다. 현대기술에는 불가결의 각종 합금강도 희금속 없이는 만들 수 없다. 제정 러시아 시대에 자국 내에서는 희금속이 생산되지 않았으므로 그 영향은 경제, 군사에까지 미쳤다. 독일의 텅스텐강으로 만든 대포는 1차 세계 대전 중 러시아군 대포의 두 배에 가까운 발사 횟수에도 견뎠던 것이다. 오늘날 러시아에서는 멘델레예프 표의 모든 금속을 생산하게 되어 국민경제 발전에 기여하고 있다.

11장
멘델레예프 표의 6분의 1

란타넘장 아파트의 주민들

란타넘, 세륨, 프라세오디뮴, 네오디뮴, 프로메튬, 사마륨, 유로퓸, 가돌리늄, 터븀, 디스프로슘, 홀뮴, 어븀, 튤륨, 이터븀, 루테튬.

이것만으로도 현재 알려진 원소의 약 8분의 1(멘델레예프 표의 6분의 1)이 된다. 이들 극히 진기한 이름을 통틀어 '희토류'라 부르고 있으나 이것은 결코 바른 호칭은 아니다. 중세의 연금술사들은 강고하며 환원이 곤란한 산화물 전부를 '토'라 부르고 있었으나, 희토류는 산화물이 아니고 원소이다. 그리고 결코 희귀한 금속도 아니다. 어떤 것은 지각 중에 납이나 주석의 몇 배나 존재한다.

이들의 원소는 주기율표의 어디에 위치하는가? 이에 대해서는 멘델레예프 자신분만 아니라 기타 수많은 화학자들도 크게 고심했다. 원소마다 별개의 상자에 넣어 배치한다면 전체의 조화가 무너져서 다른 아족들과 사이에서 공통의 성질을 아무것도 찾아볼 수 없다. 그래서 이들을 한 뭉치로 하여 타원소들이 독립 가옥에 살고 있는데, '란타넘장 아파트'에 집단으로 살도록 한 것이다. 그래서 이들 원소에는 '란타넘족'라고 하는 제2의 명칭이 붙여진 것이다.

각 원소에는 여러 개의 동위 원소가 있다는 것은 이미 이야기 했다. 동위 원소들은 원자 번호가 같고, 화학적 성질도 동일

하나 다만 질량수만이 상이하다.

그러나 희토류 원소들은 원자 번호가 다를뿐더러 그 전자 구조를 지배하는 핵전하(양자수)도 각기 다르다. 그럼에도 불구하고 화학적 성질은 이들이 쌍둥이나 형제같이 서로 아주 닮은 것은 어째서인가?

이와 같은 희토류 원소의 수수께끼가 풀린 것은 겨우 20세기에 들어와서이다. 이 때 학자들은 겨우 순수한 희토류 금속을 손에 넣을 수 있었으며, X선에 의하여 전자각의 구조를 해명할 수 있게 된 것이다.

양자 역학의 법칙에 의하면 전자각의 각 에너지 준위에는 일정 수 이상의 전자는 배치할 수 없다. 이미 논한 바와 같이 핵에 가장 가까운 각에서는 2개, 두 번째의 각에는 8개, 세 번

양자, 중성자, 전자의 전하와 질량

	전파(esu)	질량
양자	4.802×10^{-10}	1.672×10^{-24}
중성자	0	1.675×10^{-24}
전자	4.802×10^{-10}	9.107×10^{-28}

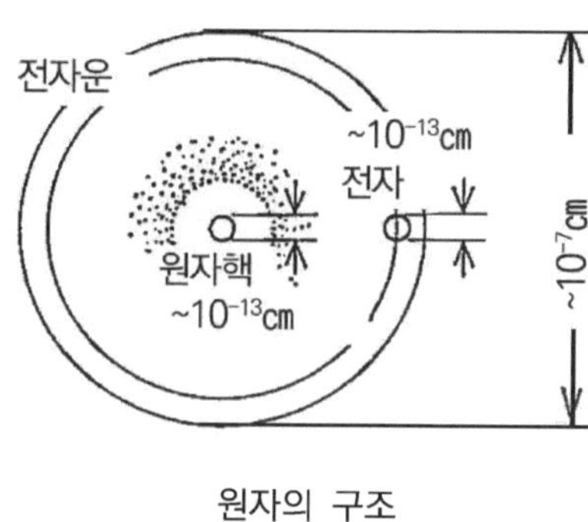

원자의 구조

째는 18개, 네 번째는 32개의 전자가 들어갈 수 있도록 되어 있다.

그런데 희토류의 경우는 어떻게 되어 있는가? 이미 2장에서 논술한 바와 같이 란타넘에는 내측에서부터 세어 6번째의 각까지 전자가 존재하나, 같은 방법으로 세어 네 번째의 각에 존재하는 전자는 18개뿐으로 이 각이 채워질 때까지 14개의 전자가 부족하다. 그래서 란타넘보다 하나의 원자 번호가 증가할 때마다 전자는 이 네 번째 각에 들어온다. 이것보다 외측(핵의 방향에서 세어서 다섯 번째 및 여섯 번째)의 전자각에는 아무 변화가 없다. 일반적으로 원소의 화학적 성질은 아주 외측에 있는 전자각의 구조에 의하여 지배되고 있어 외부에서 두 번째 전자각의 영향은 작다. 희토류와 같이 외측에서 세 번째의 전

란타넘 원소의 N각에는 14개의 전자의 공석이 있다

자각에 변화가 일어나도 화학적 성질의 변화는 거의 없다고 보아도 좋다.

또한 란타넘족의 성질이 서로 잘 닮게 되는 이유로서 원자 반경이 변화하지 않는 데 있다. 많은 원소들은 핵전하가 증가함에 따라 외측 전자각이 핵의 방향으로 끌려서 원자 반경이 점차 작아진다(물론 전자각의 수가 같은 경우임).

그런데 란타넘족의 경우, 내측에서 네 번째의 각이 순차적으로 채워지기 때문에 보다 외측(5, 6번째)의 각에 있는 전자는 핵부터 차단되어 핵전하의 증가에 따라 원자 반경이 변화하는 일은 거의 없다.

희토류는 세륨아족과 이트륨아족(각 7개의 원소를 내포함)으로 분류된다. 이것은 새로이 안쪽에서 네 번째 각에 들어가는 전자의 회전 운동(스핀)이 역방향이 되기 때문이지만, 아족간의 차이는 자연계에 있어서 존재량의 차이에 크게 나타나 있다. 즉 세륨아족이 이트륨아족보다 수십 배나 많이 존재한다.

희토류는 광석 중에 항상 함께 존재하며, 서로 분리하는 것이 대단히 어렵다. 1900년 파리의 세계대박람회에서는 과학의 대승리로서 처음으로 순도 높은 란타넘, 세륨, 네오디뮴 금속의 견본이 전시되었다. 지금은 모든 란타넘족을 화학적으로 순수한 상태로 얻을 수 있게 되었으며, 프로메튬 등은 원자로 안에서 인공적으로 만들도록 되었다(1947).

희토류의 물리적 성질은 아주 다양하다. 세륨은 융점이 805℃이나 루테튬이 되면 약 1650℃에 달한다. 세륨은 열중성자를 거의 포착하지 않으나 가돌리늄은 그 630만 배나 잘 포착하므로 원자로의 제어봉으로써 아주 좋은 재료가 된다.

란타넘장의 입주자들은 오래토록 실직하고 적당한 자리(용도)를 찾지 못했다. 그러나 현대의 신기술에서는 이들은 가장 장래가 기대되는 금속이다. 다음은 그 다양한 용도의 일면을 살펴보기로 하자.

풀린 수수께끼

X선이 발견될 무렵, 멀리 사는 한 환자가 흉부 검사를 위해 X광선을 좀 보내달라고 빌헬름 콘라트 뢴트겐에게 의뢰하여 왔다. 기지(機智: 지혜)가 많은 이 학자는 "광선은 보낼 수 없으나, 환자의 흉부를 보내주면 검사해 드리겠습니다"라고 회답했다 한다.

실제로 덩치가 크고 무거운 X선 발생 장지를 환자의 집까지 나르는 것은 큰일이지만 방사성의 세륨 170을 사용하면 집에서도 투시 검시를 받을 수 있다. 이 원소가 발생하는 감마선은 X선과는 거의 같은 파장이며, 0.1~0.2g의 세륨을 강철관으로 싸고, 또 납의 용기에 넣은 투시용 기구는 전 중량이 2kg이다.

현대에는 광선을 환자의 집으로 보내는 것도 불가능한 것은 아니다. 다음으로 희토류의 많은 응용 예 중에서 중요한 것만 설명하기로 한다.

이들의 원소는 소량만을 첨가하여도 그야말로 모든 합금의 각 성질이 개선된다. 특기할 것은 강이나 주철에 첨가했을 때의 효과로서, 예를 들면 -40℃ 정도의 저온에서도 강도를 유지하는 강재를 만들 수 있다. 이것은 북극 지방에서는 중요한 의미를 갖는다.

주철 1톤에 수백 그램의 희토류를 첨가하면 강도와 내마모성이 증진되어 강의 단조 제품보다 우수한 트랙터 엔진용 크랭크축을 제작할 수 있다. 주조 제품은 단조 제품에 비하여 제법이 간단하며, 훨씬 경제적이라는 것을 알아야 한다.

그러면 희토류 원소는 어떻게 하여 이와 같은 작용을 갖는가? 바이코프 야금연구소에서는 희토류 금속과 각종 기본 금속과의 상태도를 수없이 연구한 끝에 다음의 회답을 얻었다.

⑴ 희토류 금속이 첨가되면 예외 없이 금속의 조직이 미세화 된다. 주철에는 세륨이 많이 첨가되나 이 경우는 철 중에 개재하는 흑연이 구형으로 변한다. 보통의 주철에서 볼 수 있는 흑연은 무석하며 판상으로 금속에 다수의 쐐기를 박은 것 같은 작용을 하여 균열의 원인이 되고, 강도를 저하시킨다, 그런데 흑연을 구상화하면 쐐기의 뾰쪽함과 크기가 현저히 작아져 당연히 강도가 증진된다. 강에 첨가했을 때도 마찬가지로 개재물을 미세화하고 그 기계적, 공업적 성질을 대폭 개량한다.

⑵ 희토류 원소는 강이나 합금에서 유해한 불순물을 제거한다. 산소나 질소 등의 가스 성분, 또한 유황이나 인, 비소 등의 유해 원

소를 포함한 용강에 세륨을 첨가하면 이들과 활발히 작용을 일으
켜 반응 생성물이 용강의 표면에 떠오른다. 강 이외의 내열성 금
속에 세륨을 첨가했을 때도 유해 성분이 용융 금속에서 제거된
다. 여기서 중요한 것은 불순물의 제거가 주로 입계에서 이루어
지며, 청정화 된 입자경계가 금속의 성질 향상에 크게 기여한다
는 것이다.

⑶ 희토류 원소가 융점이 낮은 불순물과 반응할 때, 융점이 높은
반응 생성물을 만든다. 융점이 낮은 불순물이 금속의 고온 강도
를 크게 저하시킨다는 것은 이미 논했다. 희토류는 금속의 내열
성을 향상시킨다.

⑷ 희토류 원소를 첨가하면 고온에서의 내산화성이 개선된다. 이것
은 표면에 생성되는 산화물 박막이 강화되기 때문이며, 예를 들
어 니크롬선에 세륨이 첨가되면 전기로용 발열체의 수명이 10배
로 증가한다.

⑸ 소량의 희토류를 첨가하면 강이나 합금의 전기, 물리학적 성질,
예를 들면 자성이 향상된다. 사마륨, 가돌리늄, 디스프로슘을 포
함한 코발트 합금은 특기할 만한 자기 특성을 갖고 있다.

위에서 든 예시들 외에도, 유리의 다양한 착색제, 컬러 TV의
발색제, 형광램프 점화 장치의 활성화제 등 수많은 용도가 있
다. 또한 레이저 결정, 아크용 탄소 전극, 페라이트, 초진도 합
금 능에 첨가제로서 그 품질을 높이고, 각종의 세라믹에 첨가
하여 고주파 특성을 개량한다.

항공기나 로켓에는 가벼운 마그네슘 합금이 쓰이나 오랫동안
이 합금의 약점은 그 내열성이었다. 여기에 희토류 원소를 첨
가함으로써 내열성을 수 배는 향상시킬 수 있어서 초음속 비행

기, 유도로켓, 인공위성 등에도 희토류 금속을 널리 사용하게 되었다.

장래에 항공기나 우주선용에 원자력 엔진을 쓸 때 가장 어려운 문제 중 하나는 원자로의 중성자로부터 승무원을 방호하는 것이 될 것이다. 지상이나 잠수함이면 어느 정도 중량이 있는 방호벽이라도 채용 가능하나, 우주선에서는 어떻게든지 방호벽을 가볍게 할 필요가 있다. 그런데 희토류의 하나인 가돌리늄은 중성자를 흡수하는 능력이 아주 커서, 그 두께가 수 센티미터 정도로도 수 미터 두께의 콘크리트에 필적할 만한 방호벽이 된다.

이상으로 희토류의 다양한 응용 예의 일부를 소개했으나, 그리 멀지 않은 옛날의 희토류는 '잊혀진 분야'에 있었기 때문에, 금속 중에는 끼지도 못했었다. 겨우 세륨산화물이 광학유리용의 연마분으로 사용되고 있던 정도였다.

러시아는 희토류의 광물 자원이 풍부하며, 희토류를 함유한 광물은 250종에 달한다. 타이타늄, 니오븀, 우라늄, 토륨 등의 광석에는 다량의 쌍생아 금속이 포함되어 있어, 때로는 전 조성의 3분의 1이나 되는 희토류를 포함한 것들도 있다. 또한 희토류 원소는 우라늄 또는 플루토늄의 핵분열 반응에 의하여 원자로 안에서도 다량으로 생산된다.

현재, 내외의 연구소 및 공장에서는 희토류 원소의 새로운 성질을 밝히는 데 열중하고 있다. 또한 재료나 기계의 품질을 점점 향상시키는 것을 목적으로 하여, 불철주야로 연구를 계속하고 있다.

12장
귀금속의 역할

인간은 금속 때문에 망한다

아주 경계가 삼엄한 요새—그곳을 둘러싼 5중의 유자철에는 5,000V의 고압이 걸려 있다. 그곳에서 멀리 떨어진 입구에는 10개소의 감시탑이 설치되어 있고, 무선장치는 통행 금지대를 침입하는 어떠한 물체라도 바로 찾아낼 수 있다. 항상 안전장치를 풀고 있는 기관총과 속사포는 신호만 받으면 자동으로 조준 발사하여, 결코 실수할 수가 없도록 되어 있다.

그뿐만이 아니다 경보가 울리면 바로 성내에 살인 가스가 채워지고 최후로는 각 구획이 즉시 수몰하고 만다. 이것이 유명한 켄터키 주의 포트 녹스(Fort. Knox)이다. 여기에는 중량 20톤의 전자 셔터와 기밀문 안에는 막대한 미국의 준비금이 보관되어 있다.

인류의 역사를 돌이켜보면 금의 역할은 그리 칭찬할 만한 것이 못된다. 서부 활극은 아니지만 금을 찾아서 적지 않은 범죄도 일어났다.

황금의 신에 봉사하어
여기저기서 싸움이 일어나고
그래서 인간의 붉은 피가
강철로 된 칼날을 스쳐
시냇물같이 흐른다.
사람은 금속 때문에 망할 것이다!

　미신을 믿는 어떤 사람이 황금이 갖는 파멸적인 마력을 이렇게 노래하고 있다. 그러나 이 주기율표에 79번이라고 기록된 보통의 원소가 이와 같은 마력을 갖고 있지 않음은 사실이다. 인류에 대한 황금의 죄는 금속이 일으킨 최대의 비극—제92번 원소 우라늄에 의해 히로시마와 나가사키가 파괴된 것보다 심각하지는 않다.

　고대의 인류는 통화—어떠한 물품과도 교환할 수 있는 공통의 가치를 갖는 것—를 몰랐다. 원시인에게 있어서는 물물 교환을 하는 것도 어려웠을 것이다. 시대가 발전하여 물물 교환이 일반화되면서 어떠한 물품과도 교환할 수 있는 물품이 필요하게 된다. 고대 민족 간에는 모피, 가축, 조개껍질, 식물류 등 여러 가지가 통화의 역할을 담당했다.

황금의 장식품은 이미 유사 이전의 선조들도 만들고 있었다. 그러나 황금은 점점 모든 통화를 축출하고 공통의 통화가 되었다. 이것은 결코 우연히 그렇게 된 것은 아니다.

실제로 금은 통화로써 아주 편리했다. 첫째, 금은 녹슬지 않으며 변질하지 않는다. 둘째, 금의 생산에는 막대한 노력이 필요하다. 이것은 소량으로 많은 다른 물품과 교환할 수 있는 것을 의미한다. 셋째로, 이 금속은 적당히 분할하여 지불하는 것이 용이하다. 이러한 이점이 중첩되어 금은 당연 다른 통화를 밀어내고 공통의 가치가 되어, 지금도 이 역할에는 변함이 없다.

오늘날, 생산되는 금의 대부분은 중앙은행의 지하실에 쌓여 있다. 국립은행이 보유하는 금, 보석 기타 자산은 국내에서 생산하는 물자 전체와 함께 그 나라의 통화(루블, 달러, 파운드 기타)의 안정성을 보증하고 있다. 러시아 루블의 금 보유량은 미국의 달러보다 많다.

금이 없으면 세계의 무역은 불가능하다. 국제적으로 통용하는 가치, 그것은 금이다. 1921년에 레닌은 현명하게도 다음과 같이 말하고 있다.

"(우리나라가) 저축을 요하는 것은 금이다. 그것을 보다 비싸게 팔고, 교한으로 물자를 보다 싸게 사지 않으면 안 된다."

1920년 1월, 혁명전쟁의 말기에 코루작군이 괴멸되었을 때, 백위군 제독이 가산은행 지하실에서 훔쳐 낸 대량의 금—러시아의 준비금의 일부—이 인민의 수중으로 다시 돌아왔다. 당시 아직 젊었던 적위군 병사들이 혁명에 몸을 바친 대중의 영웅적 정신의 훌륭한 일례를 여기에 든 것이다. 밤낮없이 눈보라 속에서 귀중한 화물을 실은 '황금 군용 열차'의 차량을 한 칸씩, 대부분 손으로 옮기며, 급조(急造)한 얼음 다리를 따라서, 넓은 강을 건넜다. 그리고 결국, 1920년 5월 7일 금괴 10,151kg, 금화 340,800kg이 가산은행의 보관고로 돌아왔다.

귀금속의 할 일

금, 은, 백금, 이리듐, 오스뮴, 팔라듐 외의 몇몇 금속은 그 비상하게 높은 내약품성 때문에 귀금속이라 불리고 있다. 금은 용융상태(융점은 1,063℃)에서도 산화하지 않으며, 산이나 부식성이 강한 알칼리에도 침식되지 않는다. 금을 부식하는 것은 일반적으로 '왕수'라 불리는 강렬한 혼합액(염산 3에 질산 1의 비율로 혼합한 액체) 뿐이다. 그런데 금보다도 내식성이 있는 금속, 즉 이리듐과 로듐은 왕수로도 침식이 안 된다.

금은 극히 단조가 쉽고, 인발*이 쉬운 금속의 1g의 양으로 3.5km의 실을 뽑을 수 있다.

은은 금보다 약간 단단하나, 역시 연하고 소성이 있어 인발이 쉽다. 백금은 금이나 은보다 훨씬 단단하며, 특히 단단한 것은 이리듐과 오스뮴이다. 오스뮴의 강도는 대단히 크며 비중은 22.5이다. 은, 금, 백금의 비중은 각각 10.5, 19.3, 21.5로서 모두가 무거운 금속이다. 은은 전기 전도도에서는 금속 중의 챔피언이며, 2위의 구리에 이어 금, 백금의 순이다.

고대에서 현재에 이르기까지 귀금속은 다양한 장식품과 치과용으로 사용해왔다. 현대에는 금을 함유한 합금(순금은 너무 연

---

* 편집자 주: 일정한 모양의 구멍으로 금속을 눌러 짜서 뽑아내어, 자른 면이 그 구멍과 같고 길이가 긴 제품을 만들어 내는 일

금 비행기가 과연 날 수 있을까

하여 쓰기 불편함)이 마이크로 전자 공학이나 정밀 기계 또한 정형외과의 분야에 쓰이고 있다. 예전에는 교회의 지붕이나 식기의 금도금이 주된 것이었으나 현재는 로켓, 인공위성, 우주선, 이온 가속기의 부품뿐만 아니라 항공기의 중요한 부분에도 금을 피복하는 것이 있다.

금은 또한 어떤 종류의 화학 반응에 촉매로서 작용한다. 예를 들면, '원자상' 산소를 '분자상' 산소로 하는 반응($O+O=O_2$)이 그것이며, 학자나 설계자는 장래의 성층권 항공기에 이 반응의 에너지를 쓸 수 있기를 꿈꾸고 있다. 즉 아주 높은 고공에서는, 태양광선이 분자상 산소(O_2)를 분리하여 원자상 산소(O)를 생성하며, 항상 일정량의 원자상 산소(O)를 생산하고 있다. 가까운 장래에 초음속 여객기가 이 원자상 산소를 받아들여 연료로 쓰게 되면, 항공기에 대량의 연료를 실을 필요가 없어진다. 이와 같은 꿈의 실현을 돕는 것이 금이다.

또한 러시아의 금성장(金星章: 전사자 가족을 표시함)이나 레닌

훈장은 금으로 만들었고, 모스크바 크레믈린의 붉은 별로 사용하고 있는 루비 유리에도 이 금속을 소량 첨가하고 있다.

지구에 존재하는 금의 양은 결코 적지 않다. 지각의 암석 중에는 평균 0.0000005%(암석 1톤당 5㎎)의 금이 포함되어 있어 암석 1㎦당 약 14톤, 깊이 20㎞의 지각 전부로 수정하면 총계 10^{11}톤의 금이 존재한다.

금은 거의 모든 곳에서 검출되며 소량씩 다른 원소 사이에도 존재한다. 그러나 그 채취는 용이하지 않으며 막대한 양의 암석을 처리하기 위하여 수백만 ㎾의 전력을 써도 겨우 금 1톤만이 얻어진다. 전 세계의 금 생산량은 연 2,000톤에 불과하다. 한편, 현대의 공업 기술은 금보다 광범위하게 은, 백금, 팔라듐 등을 쓰고 있다.

은의 용기에 넣어 둔 물이 부패하지 않는 것은 아주 옛날부터 알려졌었다. 은 용기의 이와 같은 성질은 선교사들이 이용하여 그 안에 소위 '성수(聖水)'가 보관되었다. 그 물이 장기간 부패하지 않는 것을 그들은 기적이라고 했다

은기에 담긴 물은 위장병의 예방에도 좋으며, 고대의 이집트에서는 상처에 은판을 대면, 곪지 않고 속히 낫는다고 알려져 왔다. 미신 깊은 사람들은 이런 것을 귀금속이 갖는 무엇인가 초자연적인 힘에 의하는 것으로 알고 있었으나, 실은 그런 것이 아니며 확고한 이유가 있다.

은은 극히 미량이지만 물에 용해되는 성질을 갖는다. 이 용액은 은 이온의 농도가 아주 적어도 미생물을 죽여 없앤다. 그래서 오늘날과 같은 항생 물질 만능시대에도 은의 살균력은 의학과 위생기술에 널리 사용되고 있다. 그 예로, 러시아 우주 비

은은 만능인가?

행사의 음료수에는 미량의 은이 첨가되었다.

은은 비교적 값이 싸기 때문에 이 금속은 누구나 매일 접할 수 있다. 왜냐하면 거울의 이면에는 은의 박막이 입혀 있기 때문이다. 같은 방법으로 크리스마스 트리의 유리구에도 아름다운 빛을 준다. 은은 금속 중에서 전기와 열을 가장 잘 전달한다. 그래서 정밀한 물리 실험기구의 도선이나 중요한 전기 접점에는 은이 쓰인다. 또한 그 표면이 쉽게 산화하지 않는 것을 이용하여 특수한 고주파 전류용의 도체로써 쓰인다.

은의 열전도로가 양호한 점을 이용하여 각종 열 계측장치, 예를 들면 항공기용 저항 온도계를 만든다. 일부의 은 화합물, 예를 들면 브로민화은은 빛의 작용으로 분해한다. 이 성질을 이용하여 사진 필름이나 감광지를 만든다. 은의 생산량은 전 세계에서 연간 약 1만 톤, 금의 5배 정도이다.

백금이 귀금속으로 등장한 것에는 재미있는 역사가 있다. 스페인의 남미 탐험가들이 플라티노 데루 피오 해안에서 은과 비슷한 미지의 새로운 금속을 발견했다. 그것은 '작은 은'(플라타는 스페인어로 은이나, 여기에 여성형 명사 어미-ina가 붙었다)이라고 이름 붙였다. 그 후 이 금속은 스페인에 대량으로 반입하여 그 판매가는 은보다도 쌌다. 그러는 동안에 귀금속 상인들은 백금과 금을 혼합하면 둘의 비중이 서로 가깝기 때문에 순금과 구별할 수 없다는 점에 착안하여 싼 백금을 갖고서 금화의 위조를 시작했다(만일 금과 백금을 썼더라면 아르키메데스도 어느 쪽이 진짜 왕관인지 구별하지 못했을 것이다). 스페인 정부는 이 위조 금화에 놀라서 국내에 있는 모든 백금을 바닷속에 버려 버렸다.

이와 같이 등장한 백금은 내약품성으로는 금과 동등하며, 열 및 전기 전도도 금에 뒤지지 않는다. 또한 충분한 경도와 기계적 강도 및 융점 1,770℃가 나타내듯 우수한 내열성을 갖고 있다. 그래서 백금은 실험실 및 화학 공업용의 모든 용기와 장치 재료로써 사용한다. 특히 정밀 계측용의 전극, 고온 전기로용의 저항 발열체, 열 대전 등 백금 외에는 대체할 수 없는 것이 많다. 또한 이 금속은 화학 공업용의 촉매로서 중요한 임무를 띠고 있기 때문에, 이것이 없으면 많은 화학 생산 공정이 불가능하다. 흥미로운 것으로는 마술의 거울(한쪽에서 보면 거울같이 보이나, 다른 쪽에서 보면 투명한)의 반사체로서의 용도도 있다.

한편, 러시아는 백금 자원이 특히 풍부하나 금속의 채취에는 많은 과정이 필요하므로 지금은 금보다 고가이며, 그 이용도 당연히 제약되고 있다.

귀금속 중에서 가장 장래성이 있는 것은 팔라듐이다. 이것은

인체 각부의 수리에 사용되는 재료

내약품성이 떨어지는 반면 값이 싸다. 바이코프 야금연구소에서는 팔라듐-텅스텐 합금을 개발하여 전자 제어 기구의 성능을 크게 향상시킴은 물론, 제작비를 현저히 낮추는 데 성공했다. 팔라듐과 텅스텐 합금은 극히 중요하다. 이 합금은 가까운 장래에 경제적으로 사용 가능한 화학 장치용 구조재로서 아주 기대된다. 그것은 여러 조건하에서 스테인리스강보다 수십 배의 내구성을 갖고 있으면서도 합금의 가격은 순 타이타늄보다 25% 높을 뿐이다. 러시아는 충분한 양의 팔라듐을 확보하고 있고 생산고도 끊임없이 증가하고 있다.

설명한 이외의 귀금속은 그 희소성과 높은 가격 때문에 현재로서는 아직 이용도가 낮아, 필수적인 용도에서만 사용한다. 예를 들면 이리듐은 내마모성과 충분한 경도와 강도를 갖는 외에, 금이나 백금 이상의 내약품성을 가지며, 정밀 기구용으로는 대체할 수 없는 용도를 갖는다. 실제로 미터원기(原器)가 이 금속으로 만들어졌다. 외과용 기구의 끝 부분과 특히 중요한 전기 접점에도 이것이 쓰인다. 이리듐과 오스뮴의 합금은 특수한 정밀기기나 가장 '영구적'인 펜촉에 응용되고 있다.

인체의 예비품으로

고고학적 발굴로 발견된 미라 중 하나에 그 두개골의 일부가 금판으로 사용된 것을 발견했다. 연구의 결과, 그것은 수천 년 전 그것도 생존 중에 적용한 것이 판명되었다. 고대부터 귀금속을 정형외과에 이용하기 시작했던 것이다.

미국의 공장에서는 "하느님이 인간을 만들 때, 인체의 예비품에 대해서는 배려하지 않았음을 잊지 말 것"이라고 쓴 글을 가끔 볼 수 있다. 경영자들의 생각으로는, 이 말은 노동 안전을 의미하는 것일 것이다. 그러나 외과 의사들은 '농담이 아니고, 인체의 예비품은 꼭 필요하다'라고 생각할 것이다.

많은 학자들은 병 때문에 기능을 발휘할 수 없게 되든가, 외상 때문에 잃어버린 조직이나 기관에 사용하기 위해 플라스틱과 금속의 재료를 다년간 연구하고 있다.

탄탈럼은 어돈 금속보다도 인체조직과 잘 어울리는 금속이다. 이 금속은 인체 중에서 화학적 변화가 없을 뿐만 아니라 주위의 조직을 전혀 해치지 않기 때문이다.

오늘날 탄탈럼 판으로 두개골의 구멍을 막기도 하고, 그 가는 철사로 근육 조직이나 다리의 일부, 때로는 신경 기능을 대신하도록 할 수 있다. 탄탈럼 망은 의안으로도 쓰인다.

수술 후의 봉합을 탄탈럼의 철사와 맺음쇠로 기계화하는 것도 러시아 설계자들에 의해 이루어졌다. 견사나 이와 흡사한 실은 주위의 조직에 염증을 일으켜서 수술 후의 회복을 느리게 하지만, 탄탈럼을 쓴다면 이와 같은 불편은 조금도 없다. 봉합의 기계화에 의하여 수술 시간을 대폭 단축할 수 있어 외국에서는 이것을 '외과의 스푸트니크(러시아어로 동반자라는 뜻)'라고 높이 평가하고 있다.

장래에는 완전한 인공 기관을 만들어 낼 수 있게 될 것이다. 나아가 시각 장애인에게 시력을, 청각 장애인에게 청력을 주는 일도 가능할 것이다. 또한 생체 전류를 써서 뇌에서 나오는 의지 명령을 충실히 실행할 뿐 아니라, 그것에 닿은 물체를 감지하여 뇌에 전달할 수 있는 소위 '신경이 통하는' 의수나 의족을 만들 수 있을지도 모른다.

　이상의 일들은 전혀 근거 없는 환상이 아니다. 생물 전류에 의한 자격기(刺激器)는 최근까지는 치료할 수 없었던 심장병 환자를 구출하고 있다. 러시아의 학자들에 의한 우수한 '철의 손'은 브뤼셀 세계박람회에 전시되었다.

13장
금속에도 의사가 필요하다

금속의 병

인도 델리의 철 기둥은 세계 불가사의의 하나다. 이것을 우주인이 지구에 왔던 증거라고 하는 사람도 있으나, 실제로 이와 같이 순수한 철을 만들 수 있는 것은 오늘날에도 세계에서 몇 개의 연구소뿐일 것이다.

고대 인도의 연금술사들이 어떻게 하여 이 철 기둥을 만든 것일까? 그 원주는 결코 작은 것이 아니며, 높이 7m, 직경은 44㎝, 무게는 약 10톤에 이르고 있다.

그러나 본장에서 관심을 갖는 것은, 그것 때문은 아니다. 그 원주가 델리의 광장에 이미 1500년 이상을 서 있었으며, 인도의 덥고 습기가 많은 기후 중에 녹도 슬지 않은 채로 존재하고 있다는 사실이다. 달의 운철(隕鐵: 철을 주성분으로 하는 운석)도 지구상에서는 산화가 안 된다. 이것은 무슨 이유에서인가?

매년 전 세계에서 5억 톤 이상의 금속이 생산된다. 그리고 그 사이에 생산량의 8분의 1 내지 4분의 1이 폐물화 된다. 금속 제품이 그 원형을 알아볼 수 없을 정도로 완전히 소모되는 경우는 거의 없지만, 그것이 폐기되는 많은 경우는 인간과 같이 '병' 때문이다.

그 '병'이란 무엇인가? 제정 러시아 때에 군용 외투의 단추를 백색 주석으로 제작한 일이 있다. 그러나 극한의 상트 페테르부르크의 군용 창고에서 '주석 콜레라'가 시작되었다. 하얗게

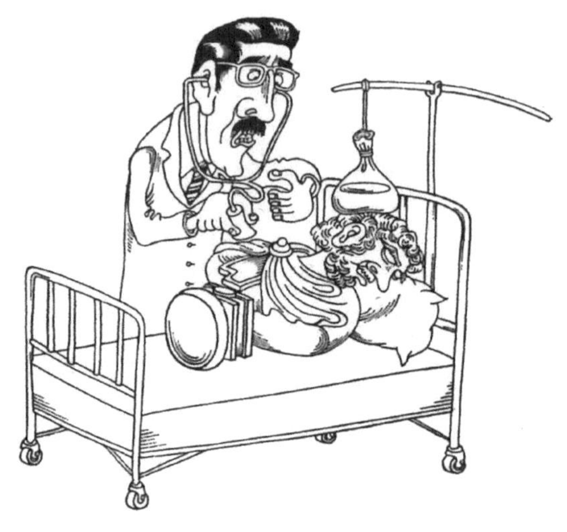

빛나던 군복의 단추는 수 일이 지나니 회색으로 변하여, 창고 안의 군복은 모두 못쓰게 되었다. 이와 같이 금속을 전염하는 '병'은 비교적 조금 발생한다. 그러나 모든 금속이 정도의 차이는 있을지라도 앓고 있는 '병'이 있다. 바로, 부식이다.

귀금속도 일부의 물질과 화학적으로 반응한다. 하물며 통상의 금속은 주위의 물질, 특히 산소와의 사이에 각종 화학 반응을 일으켜, 금속 그 자체가 점점 사라지고 산화물 또는 다른 화합물로 변신한다. 이 때문에 한때 금속의 생산과 가공 그리고 기계류의 생산에 들인 막대한 노동량이 허비되고 만다.

또한 부식된 부분을 신품으로 바꾸는 데도 적지 않은 노력이 필요하다. 예를 들면, 땅 속 깊이 묻은 녹슨 수도관이나 가스관, 절연이 불량하게 된 전화 케이블을 교환하는 데는 지면에 큰 구멍을 파야하므로 길의 포장을 파괴해야 한다. 화학 공장에서는 그 때문에 연속 작업이 중단되고, 대형 선박에서는 부식된 판을 교체하기 위해 건선거*를 이용하는 대 작업이 필요하다. 이러한 이유에서, 부식의 방지는 금속 과학이 제일 먼저 풀어야 할 문제의 하나다.

어떤 적을 대하더라도, 우선 상대방에 관하여 알아둘 필요가 있다. 많은 학자들이 부식의 메커니즘에 관해 연구를 하여 오늘날에는 부식 과정의 본질이 밝혀지고 있다.

문제는 도대체 어디에 있는가

완전히 건조된 질소산화물을 포함하지 않은 공기 중에서도 산화하는 것은 알칼리 및 알칼리 토류 금속뿐이다. 보통의 철은 이 조건에서 녹슬지 않으며, 열을 받았을 때만 서서히 산화한다.

그러나 우리 주위의 공기는 결코 순수하지도 않고, 미소한 소금의 결정이나 수분, 탄소나 질소의 산화물 등을 꼭 포함하고 있다(빗물도 엄밀히 보면 미약한 소금의 용액이다). 공업지대의 공기는 석탄이나 석유를 연료로 사용하기 때문에 불가피하게 아황산가스를 포함하고 있으며, 이것이 물에 용해되어 산성을 나타낸다. 런던의 한 학자의 계산에 의하면, 매년 그 지역만 2,000톤이나 되는 유황산화물이 대기 중으로 방출된다고 한다. 이러한 불순물이 부식을 촉진한다.

보통의 탄소강은 0℃ 이하의 온도에서도 녹슨다. 산화는 열을 받으면 속도를 증가한다. 250~300℃가 되면 녹의 막은 눈

---

* 편집자 주: 큰 배를 만들거나 수리할 때에 해안에 배가 출입할 수 있을 정도로 땅을 파서 만든 구조물

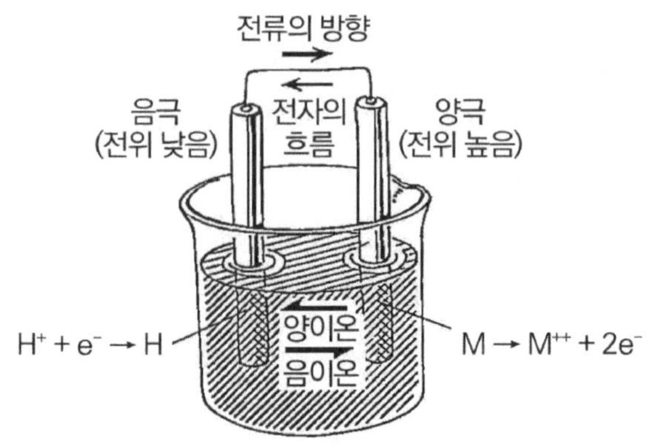

볼타 전지
해수 중의 전지 계열

이종 금속의 조합에서 전류가 생긴다

양극측	양극측
마그네슘	납
마그네슘 합금	주석
아연	니켈
알루미늄	황동
가돌리늄	구리
알루미늄 합금	18-8 스테인리스강(불활성)
강	은
주철	금
18-8 스테인리스강(활성)	백금
(음극측)	(음극측)

으로 보일 정도가 되며, 600℃를 넘으면 급속히 두꺼운 산화물 층이 발달해 간다. 이 녹의 층은 여러 가지의 철산화물(FeO~Fe_2O_3)의 혼합물로 다공성(多孔性)이며, 가스 분자는 그곳을 통해 쉽게 금속의 표면에 도달한다. 때문에 고온에서 강의 산화는 대단히 빠르게 이루어진다.

알루미늄, 타이타늄, 기타의 금속이 공기 중에서 산화하지 않는 것을 기억하고 있을 것이다. 그 이유는 이들 금속의 화학적 활성이 낮아서가 아니라 표면에 발생한 산화막(두께는 $0.5\,\mu m$ 정도)이 치밀하여 가스 분자가 그것을 통과할 수 없기 때문이다. 이와 같은 산화물 박막은 그 후의 산화에서 뿐만 아니라 산이나 알칼리 등의 화학 작용으로부터도 금속 기질을 보호하는 데 효과가 있다.

산이나 알칼리 등의 전해질 용액(이것은 해수뿐만 아니라, 시냇물이나 빗물도 포함한다) 중에서의 부식 기구는 기체에 의한 부식보다도 복잡하다. 이것을 설명하는 데는 초보적인 볼타 전지의 구조를 상기해 주기 바란다.

서로 다른 종류의 두 장의 금속판(예를 들면 한 쪽은 구리, 다른 쪽은 아연)을 준비하여 이것을 염산 용액에 담근 후, 두 장의 금속판 사이를 도선으로 연결한다. 그러면 볼타 전지가 된다.

아연이온은 수소이온보다 활성이 크기 때문에 염산 용액에서 수소이온을 쫓아내고, 그 장소를 차지한다. 그러나 아연 원자가 이온화하려면 두 개의 최외각 전자를 놓아 주지 않으면 안 된다. 아연 원자가 금속판의 표면에서 용액 중으로 뛰어들 때, 탈의장의 의류같이 이 두 개의 전자를 아연판의 위에 남겨 놓고 있다. 그 결과 아연판은 마이너스 전하를 띠게 된다.

한편, 용액에서 밀려 나온 수소이온은 구리판 위에 집적된다. 이 이온은 양전하를 띠고 있기 때문에 구리판은 양으로 대전한다. 이를 통해 아연판과 구리판에는 전위차가 발생하여 양쪽의 판 사이에 도선이 이어지면 전자는 전위차에 따라 아연판에서 구리판으로 흐르며, 이 전류가 전구에 불을 키게 한다. 구리판에 도달한 전자는 주위의 수소이온과 결합하여 수소가스를 발생시키고 기포가 되어 대기 중으로 사라진다.

이와 같이 볼타전지가 작용할 때는 전해질용액 중에 점점 아연이온이 증가하여 그만한 수소이온이 구리판으로 밀려 나온다. 결국 파괴되는 것은 아연판뿐이며 구리판은 전혀 변화가 없다.

이상의 설명으로 전해질 용액 중에서는 다른 종류 금속의 조합은 절대로 피해야 한다는 것은 누구라도 확실하게 알 수 있을 것이다. 그러나 이러한 사실을 잘 망각한다. 다음의 예를 보자. 미국의 어떤 부호가 돈 걱정 없이 호화 요트를 만들려고 했다. 조선 기사는 고가인 모넬 메탈(이것은 해수에 대하여 높은 내식성이 있는 니켈-구리 합금이다)을 써서 선저(船底: 배의 밑바닥)를 피복하려 했다. 그러나 이 합금은 기계적 강도가 그리 크지 않았다. 기사들은 할 수 없이 선저의 일부, 예를 들면 추진축의 지지나 조타키 등은 특수강으로 만들었다. 이 요트는 진수하자마자 모넬메탈과 강 사이에 강력한 볼타 전지가 형성되어 결국은 바다에 나가기도 전에 선저가 여기저기 파괴되어 버렸다.

구리 제품은 귀금속과 접촉하면 부식된다. 귀금속도 볼타의 전지에 있어서 위에서 설명한 구리판과 작용하기 때문이다. 그런데 구리판을 빼내고, 아연판만을 염산 용액에 넣으면 어떠할까? 이런 경우는 전위차를 일으킬 상대가 없으므로 부식이 일어나지 않을 것이다. 그러나 실제로 그렇게 되려면 아연의 순도가 대단히 높아야 하며, 공업용 순도의 정도로는 상당히 빨리 용해가 진행될 것이다.

그 이유는 전지에 있어서 구리판의 역할을 불순물이 맡으며,

금속의 표준 전극 전위

금속	이온	표준전극전위[V]
K	K^+	2.922
Na	Na^{++}	2.713
Be	Be^{++}	1.69
Mg	Mg^{++}	1.55
Al	Al^{+++}	1.337
Mn	Mn^{++}	1.000
Zn	Zn^{++}	0.762
Cr	Cr^{++}	0.56
Fe	Fe^{++}	0.426
Cd	Cd^{++}	0.397
Co	Co^{++}	0.278
Ni	Ni^{++}	0.248
Sn	Sn^{++}	0.146
Pb	Pb^{++}	0.132
H_2	H^+	0.000
Cu	Cu^{++}	−0.345
Hg	Hg^{++}	−0.792
Ag	Ag^+	−0.799
Pd	Pd^{++}	−0.82
Pt	Pt^{++++}	−0.86
Au	Au^+	−1.5

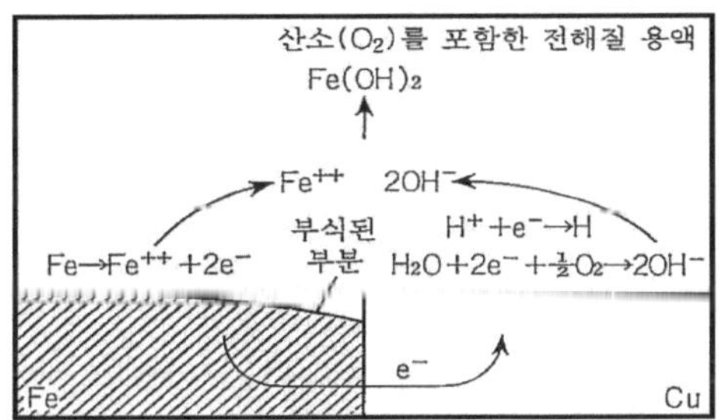

전해질 용액 중에서 접촉한 다른 두 금속 사이
에 일어나는 전기적 부식—철과 구리의 경우

아연 표면에 미시적인 볼타 전지가 무수히 발생하기 때문이다. 이 경우에 아연은 전자를 운반하는 도체의 역할도 겸한다. 불순물 입자는 전지의 구리판과 같이 안정하며, 용해의 진행에 따라 그 수는 증가하므로 용해 속도는 시간이 경과할수록 증가한다. 이와 반대로 초고순도의 아연은 농후한 산에 의해서도 부식되지 않는다. 또한 인도의 철 기둥이 부식되지 않는 것도 이와 같이 고순도이기 때문일 가능성이 크다.

이상의 설명은 물론 아연 이외의 금속에도 적용되며, 그 이용이 수소이온보다 활성이 큰 모든 경우에 해당된다. 이온의 활성을 큰 순으로 나열하면 다음과 같이 된다.

칼륨＞칼슘＞나트륨＞마그네슘＞알루미늄＞아연＞철＞니켈＞ 주석＞납＞수소＞구리＞수은＞은＞백금＞금

이 순번에서 수소보다 위에 있는 금속은 전해질 용액에서 수소이온을 밀어내며, 밑에 있는 금속은 수소이온에 의해 용액에서 밀려난다.

전해질 용액 중에서는 화학 조성이 같더라도 그 조직이 달라지면 전위차가 발생할 수 있다. 이러한 부식에서 금속을 보호한다는 것은 해수나 토양 속, 하천, 호수 등의 담수 속 심지어는 대기 중 어떠한 환경에서도 거의 불가능에 가깝다.

치료와 예방

부식과의 싸움은 인간이 금속 제법을 습득한 것과 거의 같은 시기에 시작되었다. 금, 은, 아연, 주석으로의 도금, 바니시나 페인트에 의한 도장은 이미 태곳적부터 쓰여져 왔다. 이들의

방법은 결국 금속의 표면을 공기나 물이 통하지 않는 박막으로 방호하는 것이다.

다마스쿠스 강으로 만든 검의 날이 몇 세기 간이나 녹슬지 않은 것은 가공할 때 생긴 아주 단단한 산화물 막 때문이다. 옛날 총포의 단조물도 흑색의 산화물 층을 갖는 강을 만들면 쉽게 녹슬지 않음을 알고 있었다. 그러나 산화물 박막의 작용에 대해서는 아무것도 모르고, 그저 그것이 생성하는 조건을 지켜 왔다.

같은 방법의 방식법은 오늘날에도 쓰이고 있으며 이것을 산화법이라 한다. 그런데 저자들은 앞에서 철에는 방호피막이 생기지 않는다고 해 놓고, 그와 같은 특수 가공법이 있다고 말하고 있다. 하지만 이것은 하등 모순된 말이 아니다. 순철에는 강고한 산화막이 생기지 않지만 강의 조성을 이룬 한 성분 즉 알루미늄, 크로뮴, 규소, 니켈 등을 함유한 강에 있어서는 충분히 내식성이 있는 피막을 발생하게 한다. 알루미늄 8%를 함유한 강은 1,100℃까지 가스 부식의 위험이 없다. 그러나 불행히도 강은 알루미늄이나 규소를 많이 첨가하면 푸석해져서 가공이 곤란하게 된다.

가공이 가능하고 녹슬지 않는 합금강은 크로뮴(12~13%), 크로뮴+니켈(크로뮴 16~20%, 니켈 8~11%)의 첨가로 얻어진다. 그런데 자연계에는 크로뮴과 니켈이 철광석에 수반광물로 함유되어 있는 경우가 많다. 이와 같은 광석으로 만들어진 철은 자연히 합금화 되어 부식의 메커니즘에 대하여는 아무것도 몰랐던 공장(工匠: 수공업에 종사하던 장인)들에게 우수한 스테인리스강을 제공하게 되었던 것이다.

부식에서 금속을 지키는 여러 가지 방법이 있다. 그 하나인 아연을 입힌 철판은 일상생활에도 널리 알려진 것으로 물통, 빗물통, 지붕용 박판, 원예용의 물통 등이 있다. 아연의 세계 생산량의 40%는 방식(防蝕: 금속의 표면이 화학적 변화로 녹이 슬거나 삭는 것을 막음)의 목적으로 쓰이고 있다. 같은 이유로 주석을 입힌 철판은 통조림용으로 쓰인다. 주석 피복은 통조림 중의 유기산에 작용하지 않고, 무해하며 비교적 값이 싸기 때문에 주석 생산량의 약 절반이 이 목적으로 쓰인다. 이들은 주로 용융 금속(주석, 아연) 중에 철판을 담그는 방법으로 만드는 반면, 크로뮴 도금과 니켈 도금은 전기 화학적으로 이루어진다. 또한 플라스틱 층에 금속 표면을 피복하는 방법도 점차 널리 행하고 있다.

고대의 공장(工匠)들은 금속 표면을 매끄럽게 연마하는 방식이 효과가 있다는 것을 알고 있었다. 이것은 현대에도 통용되지만 사실상 부식이 금속 표면에 균등하게 같은 깊이로 진행하는 것은 드문 일이다.

가장 많이 볼 수 있는 것은 부식 부위가 금속 입자의 경계에 따라서 내부로 깊이 진행하는 것으로 '입간 부식'이라 한다. 이런 종류의 부식은 금속 제품의 깊은 곳까지 도달하므로 외견상으로는 그렇게 안보여도 제품의 충격에 대한 저항이 대단히 약해진다. 따라서 입간 부식은 위험하다.

금속의 방식법으로 그 표면을 피복할 뿐만 아니라, 부식 그 자체의 진행을 저해하는 약제가 사용되고 있다. 일반적으로 인히비터(라틴어로 Inhibit는 제지하다 또는 늦추다의 의미)라고 부르고 있다. 크로뮴산 칼륨에 이러한 성질이 있다는 것은 옛날부터 알고 있었다. 산화테크네튬이 철의 고온(250℃까지) 부식에 대한 지연 효과가 있음을 확인했다.

여담으로 멘델레예프가 주기율을 발표했을 때, 그는 이 원소의 존재를 예언하고 43번의 자리를 비워 두었다. 그러나 많은 노력에도 불구하고 자연계에서 이것의 존재는 찾지 못했다. 방사성이며 반감기가 짧은 이 원소는 이미 옛날에 소멸되었다. 겨우 1937년에 원자력을 다루는 연금술사들이 이 원소를 새로 만들어 냈다. 그래서 기술로 만들어진 금속에 알맞게 '테크네튬'이란 이름이 붙여진 것이다. 이 금속의 주된 용도는 강제품의 방식 방지용이다.

인히비터가 방식에 어떻게 작용하는가에 관한 상세한 메커니즘에 대해 옛날부터 연구가 진행되고 있었다. 몇 개의 서로 상반되는 이론이 존재하지만, 그 발전은 불완전하다. 알려진 사실을 총 부피로 설명할 수 있는 단계는 아직 아닌 것이다.

극히 창의적인 방식법의 하나로 프로텍터를 쓰는 방법이 있다, 이것은 방호하려는 금속보다 활성이 큰 금속을 동시에 부식 환경에 넣어 두는 것이다. 예를 들면 볼타 전지에서 아연은 용해해도 구리는 부식하지 않았으며, 구리 대신 마그네슘을 쓰면 마그네슘은 용해되고 아연은 침식되지 않는다. 이와 같이 어떠한 금속의 조합이더라도 보다 활성이 높은 쪽이 용해되어, 활성이 낮은 금속이 방호된다. 이를 이용하여 러시아의 바쿠 근방의 해상 유전에서는 유정(油井: 석유의 원유를 퍼내는 샘, 석유갱)의 지주 부위나 가스관, 송유관 등의 철강 제품을 보호하기 위해 아연 등의 활성이 높은 금속을 희생시키고 있다. 그것이 용해될 때까지는 해중 구조물들을 안전하게 보호한다.

같은 원리를 우리 주위에서도 확인할 수 있다. 예를 들면 양철제 물통의 철은 적은 아연판이 붙어 있는 한 녹슬지 않는다. 그러나 철에 니켈 도금이 되어 있을 경우는 반대의 상황이 된다. 도금 층이 손상되어 철이 노출되면 철이 전부 녹슬 때까지 니켈은 산화되지 않는다.

러시아의 아기모프, 피야부로재프스키 등, 수많은 학자들이 방식과 그 방지 방법의 연구에 큰 공헌을 했다.

현대의 신기술 분야는 방식에 관해 전혀 새로운 문제를 제기하고 있다. 예를 들면 원자로의 노심이나 그 온도는 로켓의 연소실보다 훨씬 낮으나, 부식의 진행은 아주 빠르다. 방사선의 작용이 부식을 파괴적으로 촉진하기 때문이다. 같은 원리로 핵융합로에서도 독자의 부식 문제가 일어날지 모른다.

최근에 와서는 전혀 새로운 위험성이 밝혀졌다. 그것은 금속의 미생물에 의한 부식이다. 놀랍게도 금속을 침식해 버리는 미생물(세균)이 수없이 존재한다는 것이다.

그 중에서도 위험한 것은 사상균(絲狀菌: 실처럼 생긴 곰팡이, 효모, 버섯류 따위의 호기성 미생물을 통틀어 이르는 말)으로서 그 포자는 어디서나 발견된다. 그것이 많이 존재하는 것은 습기가 많은 온난한 나라들이며, 부식에 의한 손실 총 양의, 25%를 미생물 부식이 차지한다. 미생물은 항공기에도, 라디오에도, 기타 전기 설비에도 붙어서 금속을 먹어 치운다. 일본 학자의 보고에 의하면 미생물은 원자로의 열 매체에도 붙어살아 관벽에서 번식하여 원자로의 냉각에 지장을 준다. 즉, 인간뿐만 아니라 금속도 미생물 세균에 의하여 고통을 받고 있으며, 여러 가지 약제를 갖고 이것을 방제하지 않으면 안 된다.

하지만, 이와 같은 금속과 미생물의 상관관계는 나쁜 일뿐만은 아니다. 일부의 학자들은 장래에 금속의 추출이나 접합, 연신(延伸: 길이를 늘임), 결함의 교정 등에 미생물의 작용을 이용할 수 있을 것으로 생각하고 있다.

대형선의 선저 한 면에 조개껍질이 부착하면 배의 속도가 크게 저하한다. 이 때문에 배를 때때로 도크에 올려서 '면도'는 아니지만, 선저의 조개껍질을 깨끗하게 떼어 낼 필요가 있다. 그러나 이 일에는 막대한 시간과 경비가 소요된다. 그래서 일부의 금속, 예를 들면 타이타늄을 쓰면 이 금속에는 조개껍질이 부착하지 않는다. 타이타늄은 해수에 대하여 내식성이 대단히 우수하여, 장래의 선박용 재료로서 아주 유망하다.

금속을 부식이라는 병에서 지키기 위한 연구는 기술의 진보에 따라 계속해서 새로운 문제에 부딪치지만 점차 극복해 나가고 있다.

이미 학자들은 우주 탐사용 로켓의 금성 및 다른 행성들의 대기 중에서 겪을 부식을 어떻게 방지할 것인가에 관해 생각하고 있다.

맺음말을 대신하여—긴급을 요하는 일들

신합금의 탐구

진실로 과학적인 예언—그것은 공상 작가의 화려한 꿈 얘기는 아니다. 그것은 장래 발전의 전반적인 방향을 제시해야 하며, 우선 최초로 착수해야 할 일의 계획, 즉 오늘날 이미 당면하고 있어서 그 해결에는 10년 또는 수십 년이 필요한 중요 과제여야 한다.

오늘날까지 이미 1만 종 이상의 합금이 만들어져서 이것을 가공하여 수만 종에 이르는 금속 재료를 얻고 있다. 그러나 그 대부분은 소위 말하는 시행착오에 의해 주먹구구식으로 발견한 것들이다.

천문학자는 책상 위에서의 계산으로 새로운 행성을 발견했다. 또한, 터널 공사의 기사들은 산의 양측에서 파들어오는 터널이 지하에서 만나는 시간과 위치를 절대의 정확성으로 계산하고 있다.

그러나 야금학자들은 우선 합금을 만들고, 그때부터 그 성질을 연구하는 예전 방법에서 빠져 나오지 못하고 있다. 미지의 합금의 성질을 우선하여 계산으로 구하고, 소정의 성질의 재료를 정확하게 만들기 위해서는 먼저 결정 중에서의 전자의 위치와 상호 작용, 그에 근거한 원자간 결합력을 이해할 필요가 있다.

첫 번째 과제는 재료의 성질을 설계할 수 있도록 '합금 이론'을 확립하는 것이다.

멘델레예프는 주기율에 의하여 미지의 원소의 존재를 예언하

고, 그 성질을 개략적으로 계산까지 했다. 1875년에 프랑스의 화학자 보아 보도랑은 칼륨을 발견하고, 그 비중이 4.7이라고 보고했다. 1871년에 발표된 주기율표에서 멘델레예프는 칼륨의 비중을 약 6으로 추정하고 있었다. 자기의 주기율표의 정확성에 확신을 갖고 있던 멘델레예프는 이 프랑스 친구에게 편지를 보내 계측의 잘못을 지적했다. 신중한 측정의 결과 예언의 옳음이 증명되었다. 칼륨의 비중은 약 6으로 정확하게는 5.94였던 것이다.

아직 만들어지지 않은 미지의 합금이라도 그 기본적 특징은 모두 현대의 금속 양자 이론에 의하여 계산될 것이다. 그러나 그것은 이론상의 가능성에 그칠 뿐, 현재로서는 겨우 성질의 범위를 아주 간단한 합금에 한해서만 가능하다.

바이코프 야금연구소에서는 나이오븀–몰리브데넘, 몰리브데넘

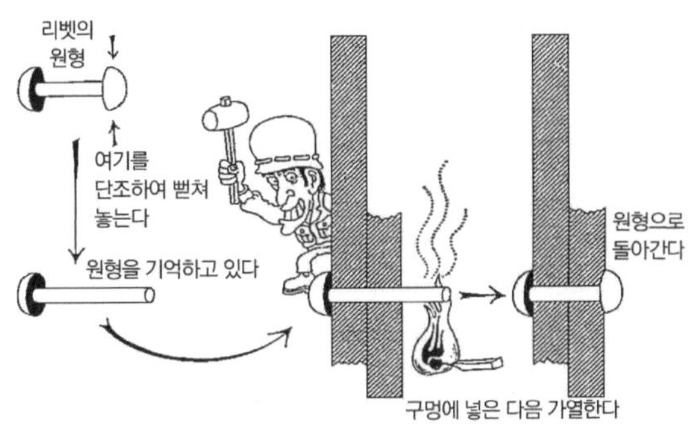

니티놀 합금은 과거의 모양을 기억한다

-탄탈럼, 탄탈럼-텅스텐 등의 내열성 합금에 관하여 그 전기적 성질을 계산했다. 또한 오늘날 고온 초전도체인 나이오븀-주석계의 금속간 화합물에 관해서도 그 전자 구조를 계산하는 데 성공했다.

무기 화합물은 간단한 2성분계만 해도 수만 종이 있다. 이들 중에서 비교적 고온에서 초전도 상태로 이행할 성능을 갖는 화합물을 탐색 하는 것도 이제는 현저하게 수월해지고 있다.

신기술의 기초는

제2의 일반적인 과제는 아주 새로운 기술 분야를 실현시킬 수 있는 미지의 금속 재료의 성질을 규명하는 것이다.

현대인의 눈앞에서 이루어진 발명의 예를 보면, 우라늄 핵분열의 발견은 원자력 공업의 기초가 되었고, 반도체의 발견은 전자 기술의 큰 진전을 가능하게 했다. 또한 유용한 초전도체의 진보는 많은 기술상의 어려운 문제를 해결해 나가고 있다.

이와 같은 발명은 금속에서 새로 발견한 성질을 기초로 한 것으로 중요한 점은 이 발명이 과학 그 자체, 즉 물리학, 화학, 금속학 등에 전혀 새로운 문제를 제기했다는 것이다. 이러한 발명은 장래, 필히 연쇄 반응식으로 새로운 발견과 발명을 일으킬 것이며 미래 인류의 운명을 크게 좌우할 것이다.

최근 일어난 발명 중 하나인 니켈-타이타늄 합금에 대하여 살펴보자. 이 합금(니티놀)은 그 제품에 주어진 형상과 치수를 '기억'하는 성능이 있다. 리벳(Rivet)은 한 쪽에 우산이 붙은, 말하자면 송이버섯 형의 금속 조각이다. 리벳은 두 장의 금속판을 붙일 때에 사용한다. 금속판에 구멍을 뚫고 리벳을 꽂고, 우산이 없는 쪽을 평평하게 두들겨 펴서 두 장의 판을 고정한다.

그런데 리벳을 두들겨 펼 곳에 작업자가 들어설 수 없다든가, 좁아서 전동 해머가 미치지 못한다든가 하는 일이 흔히 발생했다. 예를 들면 항공기의 제작 등이 그러하며, 이로 인해 리벳에 의한 접합은 어려워진다.

여기서 기술자들은 리벳의 끝에 소량의 폭약을 사용하여 그 폭발력으로 리벳을 채우려는 교묘한 방법을 고안해 냈다.

또한, 니티놀 합금으로 만들어진 리벳은 아주 흥미롭다. 우선, 처음에 리벳의 모양으로 만든다. 다음은 그 한쪽을 구멍에 넣을 수 있도록 잡아 늘린다. 합금은 최초에 주어진 형을 '기억'하고 있으니까, 이 금속 조각을 접합부분의 구멍에 넣고, 다음은 가공한 끝을 조금만 가열하면, 니티놀은 기억하고 있던 원형으로 돌아가 두 장의 판이 완전히 접합된다. 얼마나 편리한가?

미국의 학자들은 이 합금으로 인공위성의 안테나를 만들었다. 발사 시의 안테나는 조그마하게 잘 접어져 있으나, 우주공

해수 중의 전지 계열

	압력(1천 기압)
Si	195
Ge	120
As	160
Sb	85
Bi	24.5
Se	128
Te	40
I2	235
GaAs	245
GaSb	80
InP	128
InAs	100
ZnS	245

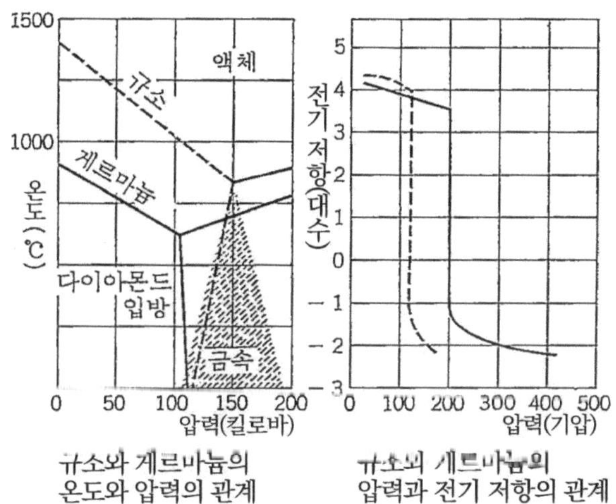

규소와 게르마늄의
온도와 압력의 관계

규소와 게르마늄의
압력과 전기 저항의 관계

초고압에서의 상태도

간에서 태양열에 의하여 가열되면 지구상에서 설계한 원형의
복잡한 형상으로 다시 돌아간다. 이와 같이 새로운 의의가 있

는 어떤 성질을 금속 재료에서 찾아낼 확률을 높이기 위해서, 다음의 일들이 꼭 이루어져야 한다.

⑴ **계측에 관한 모든 성질의 범위를 대폭으로 확대할 것**

현재 보통 계측하고 있는 기계적, 전기적, 자기적인 여러 성질, 열전도성 등을 합해도 결코 금속의 성질 모두를 알게 되는 것이 아니다. 아마도 수백 종류의 성질을 광범위한 조건하에서 조사할 필요가 있다.

⑵ **금속의 생산과 가공에 극한 상태를 이용할 것**

극한 상태에는 초고온, 극저온, 초고압, 고진공, 또한 각종 방사선-고에너지 입자에 의한 조사, 강력한 전장, 자장, 초음파장 및 무중력 상태 등이 고려 대상이다. 이렇게 함으로써 새로운 성질이나 통상의 조건에서는 볼 수 없는 특수한 성질을 발견한다. 재료는 그 외적 조건에 민감하여, 그 영향에 의해 내부 구조나 전자 구조가 변함에 따라 물리, 화학적 성질이 변화하기 때문이다.

그러나 위에서 말한 수많은 인자와 금속 재료의 구조 성질과의 관계에 대한 연구가 부진하다. 비교적 잘 이루어진 초고압을 쓴 연구의 성과에 대해 간단히 소개하겠다.

잘 알려진 바와 같이, 금속은 통상의 조건하에서 제법 공간이 많은 구조(이온과 이온 사이의 간격)를 갖고 있다 여기에 초고압을 갖고, 원자핵이 서로 접근할 정도까지 압축한다면 물질과 재료의 밀도를 대단히 높일 수 있는 가능성이 있다.

일반적으로 고압력은 물질을 금속화시킨다. 절연체를 반도체로 만들고, 더욱 높은 압력에서는 금속으로 전환시킨다. 예를 들면 유황은 40, 셀레늄은 12.5, 저마늄은 12, 요소는 22만 기압까지 가압하면 금속과 같이 높은 전기 전도도가 나타난다. 폭발의 충격을 이용하여 철, 니켈, 구리를 900만 기압까지 압축하면 그 밀도가 두 배가 되고, 주석과 납은 밀도가 두 배 반으로 증가한다.

이론적 계산으로는, 수소를 포함하여 모든 기체가 2백만 기압 이상의 고압에서 금속 상태로 된다고 예상할 수 있다. 또한 세륨처럼 내부 전자각이 미완성인 원소에 고압을 가하면, 보다 외측의 전자각에서 내측의 미완성의 전자각으로 전자의 이동이 일어난다. 그렇기 때문에 세륨의 고압상은 결정형에 변화는 없더라도 밀도가 크게 증가한다. 이와 같은 초고압의 실험에 의하여 다이아몬드와 숯의 차이 정도로 통상의 재료와는 전혀 다른 성질의 새로운 재료가 얻어지게 될 것이다. 이 목적을 위하해 높은 압력을 발생시키는 장치의 연구를 지속적으로 진행하고 있다.

새로운 진보적 금속 가공법의 하나로 아카데미 회원인 이츠에리코프의 지도에 의한 수압 압출법이 있다.

이것도 초고압을 응용한 예시이며, 수만 기압의 압력 하에서는 가볍고 푸석하여 가공이 곤란한 금속을 쉽게 압출 가공할 수 있다. 푸석하기는 세라믹을 닮은 금속간 화합물도 고압 하에서는 소성 가공이 되며, 그 위에 강도가 수십 배로 증가한다. 고압은 금속 중의 공극(空隙)이나 균일을 시료하며, 새로운 세밀한 구조로 변화시킨다. 그 결과 재료에는 특별한 물리적 성질이 주어지게 된다. 예를 들면, 고압 처리 후의 몰리브데넘은 강도가 2~3배, 소성은 약 10배나 개선되는 것을 볼 수 있다

우주공간에서의 야금

금속 재료에 대한 극한 조건의 적용이라는 것을 논하며 '우주 야금'의 화제를 빼놓을 수는 없다. 그것은 두 개의 관점에서 지구상의 금속학자의 흥미를 모으고 있다.

첫째, 지구상의 수요를 충족시키기 위해서이다. 달에서 갖고 온 광물 견본의 분석 결과에 의하면 토륨, 타이타늄, 지르코늄, 이트륨 등이 지구 표면보다 월등히 많이 함유되어 있다는 것을 알아냈다.

둘째, 지구 표면과는 크게 다른 우주의 환경에서 금속 재료가 어떻게 반응하는가를 규명하여 우주의 여러 조건을 과학과 공학의 목적에 이용하기 위해서다.

머지않은 장래에 화학적으로 활성인 희금속을 우주에서 제련하여 가공하게 될 것이다. 우주의 진공은 금속 중의 가스를 제거하며, 무중력은 형상의 점에서 이상적인 볼 베어링을 실현할 것이다. 또한, 용융 금속의 응고 과정에도 영향을 주어 중력장에서는 분리되는 합금이라도 혼합할 수가 있다. 가볍고 강도가 있는 '강의 거품'을 만드는 것도 무중력 상태에서는 쉬워진다. 우주의 극저온은 모든 초전도 기기에 아주 좋은 조건을 제공하며, 고온도가 필요한 경우 태양로를 쓸 수도 있다.

미래의 화학자, 금속학자들은 달이나 소행성의 광물 자원을 처리할 준비를 갖추지 않으면 안 된다. 또한, 늦어도 서기 2050년까지는 (어쩌면 더 빨리) 우주공간의 진공, 무중력, 소독, 살균 작용을 이용하는 공장이 많이 생겨날 것이다. 이것은 이미 환상이 아니고, 아주 가까운 장래에 있어서의 현실적인 과학적, 기술적 내지 경제적인 과제인 것이다.

장래에는 우주 야금 공장이 실현될지도 모른다

현재 알려진 소혹성은 약 14만 개가 있으며, 직경은 1㎞에서 수백 ㎞까지 된다. 현대의 로켓 기술은 영구적인 지구 위성(지구의 둘레를 도는 위성)을 쏘아 올리는 데까지 진보했다. 이들 별 위에 연구소나 공장, 동력 보급소 등을 설치하는 것도 결코 먼 미래는 아니다. 우리들의 눈앞에서 전개되고 있는 과학기술의 진보와 그것에 의해 유지되는 국민경제의 발전은 기술의 근간이 되는 새로운 금속 재료의 창조에 금속학자와 야금학자들이 성공하느냐 못하느냐에 달려 있는 것들이 많다.

만일 이 책이 독자의 흥미를 유발하여 일부 젊은이들이 사명감을 갖고 금속 과학의 발전에 몸을 바치겠다고 하는 결심에 도움이 된다면, 저자의 임무는 완전히 마친 것이라고 생각한다.

금속이란 무엇인가

문명을 지탱하는 물질의 챔피언

발행 1994년 01월 30일
3 쇄 2021년 01월 05일

지은이 E. M. 사비츠키 · B. C. 크라치코
옮긴이 손운택
펴낸이 손영일
펴낸곳 전파과학사
주소 서울시 서대문구 증가로18(연희빌딩) 204호
등록 1956. 7. 23. 등록 제10-89호
전화 (02)333-8877(8855)
FAX (02)334-8092
홈페이지 www.s-wave.co.kr
E-mail chonpa2@hanmail.net
공식블로그 http://blog.naver.com/siencia

ISBN 978-89-7044-529-8 (03580)
파본은 구입처에서 교환해 드립니다.
정가는 커버에 표시되어 있습니다.